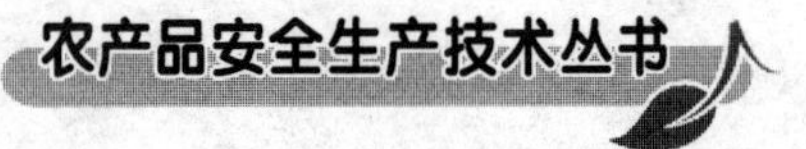

北方葡萄
安全生产技术指南

国家葡萄产业技术体系种质资源岗位　组编
郭大龙　主编

中 国 农 业 出 版 社

编著者名单

组　　编　国家葡萄产业技术体系种质资源岗位

主　　编　郭大龙

编写人员　张国海　董丹丹

司　鹏　李　民

赵仲麟　王忠跃

刘崇怀

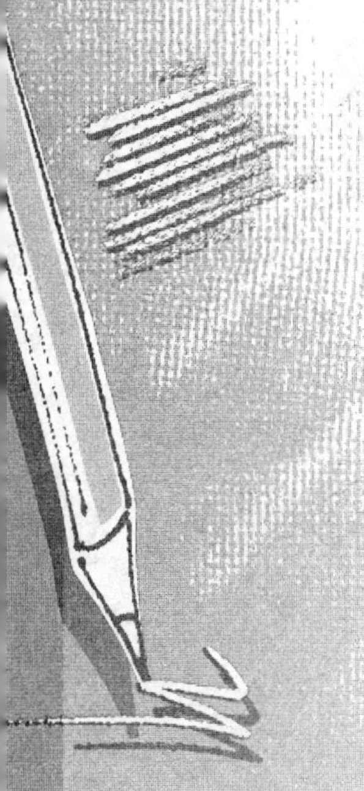

NONGCHANPIN ANQUAN
SHENGCHAN JISHU CONGSHU

前言

葡萄是一种营养价值和经济价值均较高的多年生藤本果树，近年来北方葡萄生产的面积不断扩大，产量和品质有了很大提高。北方地区是我国葡萄的主要产区，新疆、山东、河北、辽宁和河南等省、自治区一直在我国的葡萄生产中占有主导地位。随着人们生活水平的提高，我国对葡萄及其制品的需求量越来越大，对葡萄产品的质量要求越来越高。提高葡萄优质果品率，生产安全、无公害果品，实现规模效益，是产业化生产中必须首先解决的问题。葡萄的质量安全直接关系到食用安全，关系到人的身体健康。从我国葡萄生产实际情况来看，全面实现葡萄安全生产，逐步扩大无公害和绿色葡萄生产，是今后葡萄生产的主要发展方向和任务。

我国除西北的部分干旱、半干旱地区以外，大部分葡萄栽培地区都属于东亚季风气候，雨热同季，葡萄生长季节降雨集中，给葡萄的优质生产和病虫害防治带来一定的影响，在一定程度上影响着葡萄产品的质量和安全。为了保证我国葡萄生产的持续增长，促进农民收入的不断增加，必须全面实行以安全葡萄生产为主导的优质化生产，实现葡萄生产的可持续发展，这既是国内外市场准入的基本要求，也是我国葡萄生产发展的必然趋势。

为了推广葡萄安全、优质、高效栽培技术，发展我国葡萄生产，本书介绍了北方地区葡萄安全生产应注意的基本问题，包括葡萄的优良品种、葡萄对环境条件的要求、葡萄的年生长周期、葡萄园建立与土肥水管理、花果管理、葡萄安全生产的病虫草害防治、葡萄生理障碍和自然灾害、葡萄埋土防寒措施和生长调节剂的使用等方面的内容，力求技术先进、方法实用。

本书由国家葡萄产业技术体系种质资源岗位组织河南科技大学和中国农业科学院郑州果树研究所的相关人员编著而成，技术先进实用、语言通俗易懂，可供广大科技工作者、农村技术人员和农民专业种植者在生产中应用参考，也可作为农林院校的参考资料。

本书编写过程中参考了国内外的资料和图书，已在参考文献中列出，特对原作者致以谢意！由于编者水平有限，书中的缺点和错误难免，敬请广大读者批评指正。

编　者

2011年12月

目录

第五章　葡萄的年生长周期

第六章　葡萄建园

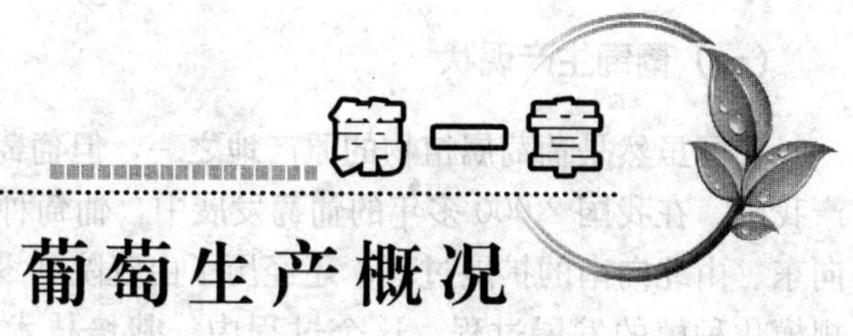

第一章 葡萄生产概况

一、全国葡萄生产概况

葡萄是世界上分布范围最广、种植面积最大、总产量最高、产品贸易额最大的果树之一。在落叶果树中，就栽培面积而言，葡萄位居第四位。葡萄营养价值和经济价值较高，具有较高的经济效益，在农业生产中占有重要地位，对农村和农民致富具有重要的意义。

我国与世界多数葡萄种植国家不同，发达国家生产的葡萄大约 80%用于酿酒或加工，20%用于鲜食；而我国的葡萄生产以鲜食为主，占 80%左右，仅 20%的用于酿酒或加工。我国的鲜食葡萄产业一直处于平稳发展和持续增长的趋势，其中历经了 3 次快速发展阶段：第一次快速发展是新中国成立后，从东欧各国引入大量的品种和苗木，到 20 世纪 50 年代末期掀起了发展高潮；第二次是在 20 世纪 50 年代末，原北京农业大学从日本引入了巨峰品种，后经全国各地的引种试种，到 80 年代时，在全国进入了快速发展和广泛栽培时期；第三代是在 80 年代末期，沈阳农业大学和郑州果树研究所等单位相继从美国引入一批优质的欧亚种葡萄品种，到 90 年代后期，在我国掀起了以红地球为代表的晚熟品种的发展高潮。此外，葡萄病虫害防治技术、保鲜技术及葡萄设施栽培技术的发展，使葡萄的栽培技术进一步完善，同时葡萄果实经贮藏后可实现周年供应，促使鲜食葡萄种植面积近年来有较大发展。

（一）葡萄生产现状

我国虽然是葡萄属植物的原产地之一，但葡萄栽培种并不原产我国。在我国 2 000 多年的葡萄发展中，葡萄种植经历了由西向东、由北向南的扩展过程；还经历了由庭院到零星栽培、再到规模化种植的发展过程。这个过程中，栽培技术不断提升和完善，栽培品种也不断丰富。主要表现在：

1. 栽培面积不断增加，产量稳步增长 近 20 多年来，葡萄栽培面积和产量迅速增长。1978 年，全国葡萄栽培面积 38.3 万亩*，葡萄总产量 17.5 万吨，葡萄酒产量 6.4 万吨；1993 年以来全国葡萄产量平均年增长 38.2 万吨，年增长率 12.5%。截至 2010 年，我国葡萄栽培面积已达 828 万亩，葡萄产量达到 854.9 万吨，葡萄酒年产 108 万吨。2010 年我国的葡萄产量跃居世界第一位，葡萄栽培面积占世界第四位、葡萄酒产量为第六位，尤其是鲜食葡萄栽培面积和产量位居世界第一位。鲜食葡萄栽培品种以欧美杂种巨峰系为主，欧亚种以红地球、玫瑰香、无核白鸡心等为主，它们的栽培面积占全国葡萄总面积的 85%以上。酿酒葡萄中，红色品种主要以赤霞珠、梅鹿辄、蛇龙珠为主，白色品种以霞多丽、意斯林、玫瑰香等为主，栽培面积约占全国酿酒葡萄的 90%，其中赤霞珠在红色品种中占 80%。

2. 栽培区域不断扩大，栽培方式多种多样 随着葡萄新品种选育和栽培技术的发展，葡萄栽培区域迅速扩大，葡萄已成为我国分布最为广泛的果树种类之一。北方主要传统葡萄产区凭借比较优越的自然条件和丰富的栽培经验大步发展。在国家的大力扶持下，一批现代化的酿酒、鲜食和制干葡萄生产基地相继建立，葡萄生产已遍及全国各地。按葡萄面积和产量看，新疆一直居首位，约占全国的 1/4，新疆、河北、山东、辽宁、河南 5 个

* 亩为非法定计量单位。1 亩≈667 米^2。余同。——编者注

产区的葡萄面积占全国的60%，产量占66.2%。南方13省、自治区、直辖市的葡萄面积和年产量，分别占全国的23.8%和21.5%。

葡萄栽培方式的多样化是我国葡萄栽培发展的一个重要表现。目前葡萄栽培方式已从单纯的露地栽培发展到设施促成栽培、设施延后栽培及设施避雨栽培、一年两熟等多种方式。栽培模式也不断变化，有在城市近郊栽培葡萄，着重于集体、家庭或个人休闲，提供住宿，可以娱乐或采摘品尝以及餐饮等的旅游观光型；还有一些葡萄园开始用自己的原料酿制葡萄酒，完全用自己的优质葡萄，精心酿造高质量的酒，打造自己的品牌创造效益，自己建设葡萄基地的酒庄型。

3. 栽培区域逐步集中，管理水平不断提高 近年来，随着种植业结构的不断调整，葡萄生产布局趋于集中。目前，包括台湾省在内的全国34个省（自治区、直辖市）都有葡萄栽培，已基本形成西北新疆、甘肃、宁夏干旱区，黄土高原干旱半干旱地区，环渤海湾地区，黄河中下游地区和以长三角为主体的南方葡萄栽培区以及东北及西北高原低温冷凉葡萄栽培区6个相对集中的栽培区域。

葡萄优质、无公害、标准化栽培新技术不断推广应用，而整形修剪、病虫害综合防治、配方施肥等新技术的普及推广，显著地促进了我国葡萄果品品质的提高，同时采用多种方法调控葡萄的生长、发育、成熟。化学方法中，用石灰氮（氰氨化钙）解决休眠不足，促进萌芽；赤霉素（GA_3）不同剂量、不同时期使用能够拉长果穗、增长果粒、提早成熟，使有核品种无核化；用矮壮素和多效唑控制新梢徒长，促进花芽分化；用乙烯利促进着色与成熟。物理方法有控制白天光照、夜晚降温，从而延迟葡萄生长或促进休眠；套袋防止污染；用反光膜增加光照，促进光合作用等。

4. 葡萄产业链不断完善，出口创汇能力逐年提高 葡萄产业链的延伸和完善是我国葡萄产业发展的一个重要标志，近年来，鲜食葡萄保鲜贮藏日益发展。葡萄酒酿造自20世纪90年代以后，发展十分迅速，到2006年，全国葡萄酒生产企业已由1980年100余家增加到500余家，葡萄酒产量1978年为6.4万吨，2010年达到108万吨。国产葡萄酒的产品质量和信誉逐年提高，许多品牌在国际葡萄酒大赛中屡屡获胜。鲜食葡萄采后分级、包装、运输条件改善；贮藏和加工业积极发展。果农组织成立协会，统一生产标准，采收精细，包装精美。依据市场不同要求采用不同包装，按一般销售和礼品销售分等级采用不同包装，分级定价，采后及时进入冷库。葡萄教学、科研和推广工作更是蓬勃开展，育苗和栽培技术不断改进，设施葡萄栽培和观光葡萄产业快速发展，南北方许多地区都显示出极大的发展潜力。

（二）生产布局

到目前为止，几乎所有省（自治区、直辖市）都有葡萄生产，但主要分布在西北、华北地区。在20世纪80年代之前，江南地区只有零星小片栽培的葡萄园，自20世纪80年代后期开始，南方地区的葡萄栽培有了长足的发展，已在我国的葡萄生产中占据了重要的地位。广西壮族自治区灵川县和新安县，福建省福安市和建阳市，浙江省丽水市、金华市、海盐县，四川省成都龙泉区、攀枝花市，湖南省衡阳市、澧县，云南省弥勒县、富民县等已成为重要的葡萄生产县、市。长江三角洲地区已成为我国巨峰葡萄商业化生产的主要产区之一，出现了如上海嘉定马陆镇、浙江上虞盖北乡等葡萄栽培大乡（镇）。

按照生态条件的不同，我国葡萄栽培区可划分为以下5个葡萄栽培区，即：

1. 东北、西北冷凉气候葡萄栽培区 主要包括沈阳以北、内蒙古、新疆北部山区。该区冬季气候严寒，冬季最低温达−40～−30℃，>10℃活动积温仅为2 000～2 500℃。积温不足是该区发展葡萄生产的主要障碍。这一地区葡萄露地栽培主要以抗寒性强的早熟和早中熟品种为主。同时，该区内的吉林、黑龙江和辽宁北部地区也是我国以山葡萄为主栽品种的特殊栽培区，主要为山葡萄中一些优良的两性花品种，如双庆、双优、公酿1号、公酿2号及长白山5号、左山1号、左山1号、通化1号等山葡萄优良品系。

2. 华北及环渤海湾葡萄栽培区 主要包括京、津地区和河北中北部、辽东半岛及山东北部环渤海湾地区。这一地区葡萄栽培历史悠久，是当前我国葡萄和葡萄酒生产的中心地区，鲜食葡萄、酿造葡萄及葡萄酒产量均在全国占有重要的地位。

该区气温适中，≥10℃年活动积温为3 500～4 500℃，无霜期180天以上，年降雨量500～800毫米，夏季气温不高，有利于色素和芳香物质的生成，加之该地区交通发达、科技基础雄厚、市场流通优势明显，今后将仍然是我国优质葡萄和葡萄酒发展的重点地区。

3. 西北及黄土高原葡萄栽培区 西北及西北东部、华北西部黄土高原地区是我国葡萄栽培历史最为悠久的地区和传统的优质葡萄生产区，同时也是目前全国葡萄栽培面积最大的地区。

该区日照充足、气候温和、年活动积温量高、日温差大、降水量少，自然条件适宜发展优质葡萄生产，是我国今后优质葡萄、葡萄酒的重点发展地区。该区根据气候的不同可划分为：新疆、甘肃西部制干葡萄发展区和西北东部、华北西部黄土高原鲜食、酿造葡萄发展区两大部分。新疆地区（吐鲁番、鄯善）和甘肃（敦煌地区）是我国主要的葡萄干生产基地，除应继续大力抓好原有制干品种无核白的发展外，还应积极发展新的优质制干品种和高档欧亚种鲜食葡萄品种，如木纳格、红地球等。

4. 秦岭、淮河以南亚热带葡萄栽培区 秦岭淮河以南地区气温较高，年降雨量大（800～1 500毫米），且常集中在7～9月份，自然条件对葡萄的生长和品质形成都有一定的影响，以往被认为是不适宜葡萄发展的地区。近10余年来，随着新品种选育和引种工作的加强以及科学技术普及，较耐湿热的巨峰系品种在南方得到了长足的发展，上海市、浙江金华、福建福州和福安、湖南衡阳和怀化、四川成都和广元等地发展巨峰系品种都获得了良好的效果，并已形成我国一个新的巨峰系品种生产区。上海、浙江、福建等地近年来开展的避雨栽培研究表明，在人工简易设施避雨条件下，乍娜、玫瑰香等欧亚种品种也能正常结果。

5. 云贵高原及川西部分高海拔葡萄栽培区 云贵高原及川西高原及金沙江沿岸河谷地区地形复杂，小气候多样，其中一些地方日照充足、热量充沛、日温差大、降水量较少而且多为阵雨、云雾少，年日照在2 000小时以上，适合发展葡萄。

二、北方地区葡萄生产概况

北方地区是我国主要的葡萄产区，新疆、山东、河北、辽宁和河南一直在我国的葡萄生产中占有主导地位，有2 300多年的栽培历史。新中国成立前30年，尽管从西欧、东欧、美国、日本等国家引入大量品种，栽培上仍以无核白、和田红、龙眼、牛奶、玫瑰香等古老品种为主，发展不快。至1979年北方种植面积仅27 100公顷，新疆面积最大，为11 300公顷，河北、河南、山东、辽宁、山西等省种植面积1 700～3 300公顷，其余均在1 000公顷以下。20世纪80年代，由于巨峰葡萄的推广，才得到较快的持续发展。至1994年种植面积达11.73万公顷，比1979年增加3.33倍。90年代中后期，掀起红地球热，至2005年种植面积增至32.05万公顷，又比1994年增加1.73倍。20多年来，北方葡萄较快发展，应归功于巨峰及巨峰系和红地球这两个品种（系）。

北方葡萄种植以鲜食品种为主，按76.4%计，至2005年鲜食葡萄面积为24.49万公顷。对各省、直辖市、自治区的分析计

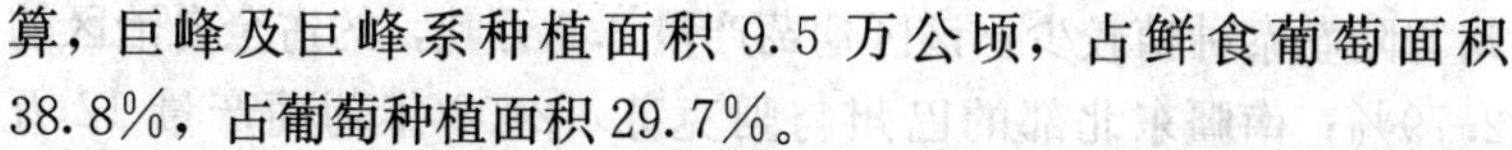

算，巨峰及巨峰系种植面积 9.5 万公顷，占鲜食葡萄面积 38.8%，占葡萄种植面积 29.7%。

（一）新疆葡萄生产概况

新疆维吾尔自治区位于欧亚大陆腹地，位居祖国的西北边陲，面积为 160 万千米^2，约占全国总面积的 1/6。新疆是我国第一大葡萄产区，以其优异的品质而享誉世界。新疆生产葡萄的产地主要有吐鲁番、哈密、和田、巴州、昌吉等，而吐鲁番则是新疆最具盛名的葡萄基地，根据有关资料，2000 年新疆葡萄栽培面积 88.6 万亩，2010 年葡萄种植面积达 200 万亩。新疆的葡萄大部分属于欧亚种的中亚和东亚品种群，其特点是穗大粒大，外形美观，含糖高、丰产、耐贮性较强。其中东亚品种群多为鲜食品种，中亚品种群为制干、鲜食兼用品种。新疆的主栽品种，无核白、马奶子、木纳格又是世界上分布最广、数量最大的品种之一。新疆从 20 世纪 60 年代开始又陆续引进一些欧洲种、美洲种和欧美杂种葡萄品种 800 余个，目前，形成一定栽培面积的品种有近 20 个，有京早晶、牛奶、晚红（红地球）、和田红、木拉格（木纳格）、巨峰等鲜食品种；霞多丽、白诗南、白玉霓、黑比诺、西拉、赤霞珠、雷司令等酿酒品种；喀什喀尔、琐琐制干品种；粉红太妃制罐品种；无核白兼具鲜食与制干。

新疆葡萄种植呈明显的区域性分布。按新疆五大地域划分，东疆地区一直是新疆第一大葡萄种植区，2008 年葡萄产量 83 万吨，占全自治区葡萄总产量的 58.85%，面积占全自治区葡萄种植面积的 41.41%。该区葡萄种植主要集中在吐鲁番地区，以发展葡萄制干业为主，无核白葡萄为主栽品种，同时也有大面积的酿酒葡萄种植；天山北坡经济带兼有鲜食与酿酒葡萄种植，玛纳斯平原和石河子地区等天山北麓是全国优质酿酒葡萄产区，该区葡萄产量 11 万吨，约占全自治区的 7.90%，种植面积占全自治区的 11.09%；北疆西北部葡萄种植以伊犁河谷为主，塔城、博州与阿勒泰种植较少，该区葡萄产量3.9万吨，约占全自治区的2.79%；南疆东北部的巴州与阿克苏，2008年葡萄产量12万吨，仅占全自治区的8.73%，种植面积占全自治区的16.81%；南疆西南部的喀什与和田，以大量种植优秀鲜食品种如木纳格、和田红等为主，兼具少许制干。该区仅次于东疆地区，葡萄产量31万吨，占全自治区的21.73%，种植面积占全自治区的26.94%

新疆葡萄与我国内地相同品种葡萄相比优势明显，含糖量高，含酸率低，且固形物含量均高于内地产同种葡萄。其中，新疆吐鲁番牛奶葡萄比内地葡萄固形物最高的陕西眉县牛奶葡萄高5%，含酸量低0.2%；和田龙眼葡萄固形物高于内地张家口龙眼葡萄3%，高出眉县、济南6%～9%；吐鲁番无核白葡萄固形物高达25%～26%，比内地相同品种高7%～8%。

（二）河北葡萄生产概况

河北省葡萄栽培已有800多年的历史。河北各地均有葡萄种植，根据气候条件和地理位置可分为3个产区，即张家口的怀涿盆地、燕山南麓的唐秦以及冀中南产区。葡萄主要分布在张家口的涿鹿、怀来，秦皇岛的昌黎、抚宁、卢龙，唐山的乐亭、滦县、丰润及廊坊等地。其余分布在中南部地区，如邢台的柏乡、沧州的献县、衡水的饶阳等地。酿酒葡萄基地主要在张家口市和秦皇岛市。

河北省是我国重要的优势葡萄产区之一，面积和产量均列全国第二位，主栽品种有巨峰、白牛奶、玫瑰香、红地球、龙眼等，集中分布于怀涿盆地、唐山和秦皇岛、冀中南三大产区。龙眼、牛奶是我国的特有品种，怀涿盆地是其最适生长地，有上千年的栽培历史。加工品种为赤霞珠、品丽珠、梅鹿辄等，集中分布于张家口市的怀来盆地、秦皇岛的昌黎和卢龙县等县市。设施葡萄发展迅速，主要分布于滦县和饶阳等地，目前面积已达到了万亩以上，设施栽培的葡萄品种有无核白鸡心、无核早红、知富罗莎、奥古斯特、藤稔等。

（三）辽宁葡萄生产概况

葡萄在辽宁省是仅次于苹果和梨的树种。1990—1996 年，全省葡萄栽培面积基本维持在 40 万亩左右；1997—2000 年，栽培面积快速增加，出现一个高峰，达到85 万亩；2001—2005 年出现小幅波动，栽培面积略下滑后增长缓慢；2006—2009 年栽培面积又呈现上升趋势。

目前辽宁省葡萄的主栽品种仍为巨峰，面积 65 万亩，占全省葡萄总面积的 67.8%，产量 71 万吨，占全省总产量 68.9%，比前 5 年下降了约 25 个百分点。红地球、京亚、无核白鸡心、玫瑰香、酿酒葡萄、康太等品种，占葡萄总面积的 21%；其他还有奥山红宝石、香悦、意大利、87-1、金星无核、8611 等品种（系），总的趋势是传统栽培品种比例下降，优新品种比例逐渐上升。锦州、营口、铁岭、朝阳、沈阳、大连、葫芦岛和辽阳等 8 个市的葡萄年产量为 90.3 万吨，占全省葡萄总产量的 87.7%。全省已形成了以大连、营口为主的辽南葡萄带，以锦州、朝阳、葫芦岛为主的辽西葡萄带，以及以沈阳、铁岭、辽阳为主的辽宁中北部葡萄带。辽宁省保护地（设施）葡萄栽培技术研究主要集中在保护地葡萄促成栽培技术、保护地葡萄延迟采收栽培技术、避雨栽培防病提质技术、设施葡萄丰产稳产技术等。目前，辽宁省设施葡萄面积达 8 万余亩，占全省设施果树栽培总面积的 20%，年产量达 14 万吨，产值 7 亿元，成为全国最大的设施葡萄生产省份，设施栽培规模和技术处于全国领先水平。

（四）宁夏葡萄生产概况

在 20 世纪 80 年代以前，宁夏葡萄栽培面积很小，品种少，以农户庭院栽培当地的大青葡萄（宁夏圆葡萄）为主，后来在玉泉营农场栽植了以龙眼、玫瑰香为主的国内引进品种，进入 90 年代，宁夏农林科学院、宁夏农学院及各市县林果部门开始规模较大的引种工作，鲜食葡萄的面积和产量逐渐增多。

宁夏葡萄种植区主要分布在贺兰山东麓，有超过 13 万公顷土地适宜葡萄生产，土地资源丰富，目前宁夏已发展葡萄 1.4 万公顷，至 2010 年葡萄种植面积达 2 万公顷，其中 2/3 为酿酒葡萄。目前宁夏鲜食葡萄品种栽培主要分布在永宁、青铜峡、中卫、吴忠利通区、灵武、平罗等市县。栽培的鲜食葡萄品种有红地球、巨峰系、京秀、大青、牛奶、龙眼、里扎马特、玫瑰香、乍娜、无核白以及近期引种的奥古斯特、粉红亚都蜜、维多利亚、美人指、户太 8 号、高妻、信浓乐、秋红（圣诞玫瑰）、秋黑、瑞必尔、无核白鸡心、优无核、皇家秋天、克瑞森无核等新品种。

栽培方式大部分采用篱架、密植、直立龙干形；小部分为小棚架、龙干形整形方式，树形单一，管理简单。伴随着宁夏葡萄产业的发展，在国家和自治区相关部门的支持下，宁夏的科研工作者在葡萄栽培研究和技术示范方面，取得了多项研究成果，培养了一批不同层次的技术队伍。应用深沟浅栽技术提高了建园成活率、减少了冻害；有机＋无机培肥措施结合测土配方施肥使葡萄园地的肥力水平和养分亏缺得到了明显的改善；基于不同立地类型和品种生长结果习性，提出了不同土壤类型上的产量指标；长期定点观测，摸清了病虫害发生的种类和蔓延动态，及时发布病虫信息，指导病虫害防治，降低了经济损失；在试验和实践的基础上，总结出宁夏酿酒葡萄栽培技术规程，并在推广中不断完善。

（五）山东葡萄生产概况

山东葡萄栽培历史悠久，基础好。截至 2006 年，山东葡萄的栽培面积为 42 330 公顷，占全国葡萄总面积的 10.8%，其中鲜食葡萄约占 2/3，酿酒葡萄约占 1/3。

山东省主产区是胶东半岛，烟台、蓬莱、威海、平度、青岛等地均为我国著名的葡萄产地。该地区海陆交通发达，适于发展晚熟、极晚熟欧亚种优良鲜食品种。酿酒方向适于发展佐餐干酒或半甜酒原料，以中、晚熟品种为宜。鲜食品种上，在巩固巨峰品种发展的同时，选育了洋泽香、泽玉和大粒六月紫等良种，引进了红地球、皇家秋天、克瑞森无核等晚熟良种，这些品种以其优良的品质得到了较大面积发展，丰富了葡萄市场，尤其是红地球等晚熟耐贮品种的引进，填补了山东晚熟葡萄的空白。酿造品种上，在原来佳丽酿、北醇、意斯林、雷司令、白羽等的基础上，适应葡萄酒业的需求，大面积发展了以“三珠”（赤霞珠 Cabernet Sauvignon、品丽珠 Cabernet Franc、蛇龙珠 Gemischt）为代表的优良酿造品种，新建园实现良种化栽培。冬季气候温和，通常年份半埋土（植株基部培土）即可越冬，但多年生产实践表明，对欧亚种品种轻度埋土更有利于提高葡萄产量，可避免周期性冻害所造成的严重损失。

山东省由于 1989 年葡萄酒销售滑坡的冲击和酿酒葡萄品种的更新换代，使酒葡萄栽培面积减少了 10 000 公顷，但仍是全国最大的葡萄酒生产省。胶东地区拥有我国最早和最大的现代化葡萄酒厂——张裕葡萄酿酒公司，平度、龙口、威海、烟台、青岛已成为胶东著名的葡萄酒基地，品种酒、产地酒首先在此兴起。近年来，张裕、威龙、华东葡萄酿酒公司，逐步更新了 100 年前引进的世界著名品种的老品系，发展了一大批优系、无毒系酿酒葡萄。

（六）河南葡萄生产概况

早在 1 000 多年以前，古都洛阳已有葡萄栽培。到 1987 年，以河南为主的黄河道产区的葡萄面积超过 21 000 公顷，河南省成为仅次于新疆、山东的第三葡萄栽培大省。20 世纪 80 年代末到90年代初，酿酒葡萄出现低谷，河南省的葡萄面积缩减了一半以上，只剩下约9 000公顷。90年代中后期又一次发展，但支撑该产区发展的已不再是酿酒品种，而是耐湿热和抗病性强的巨峰等欧美杂种鲜食品种。截至1997年，黄河故道的葡萄栽培面积已达19 100公顷。随着果实套袋技术在该产区的推广，极晚熟耐贮品种秋黑、红地球等品种已在该区落脚，并表现出较好的葡萄品质，巨峰及巨峰系品种仍稳步发展。近年来，用于制汁的康可、郑州25号等抗性极强的欧美杂种品种正在发展之中。

以鲜食为主巨峰葡萄在河南省已有几十年的栽培历史，至今仍是河南省的主栽品种，河南兰考、民权等地是我国古老的葡萄产区，尤其是民权，是全国四大葡萄生产基地县之一。目前，偃师市葡萄种植面积达3.5万亩。偃师市作为洛阳市葡萄的主产区，仅缑氏镇和翟镇镇两地的葡萄种植面积就占全市的80%，也是全省最大的葡萄集中种植区。此外，孟津县常袋镇有几千亩红提种植基地，嵩县田湖镇、宜阳县韩城镇、洛龙区李楼乡等也有零星种植。

许昌及豫西山地以北的河南省中部，包括开封、郑州、许昌、洛阳、三门峡等地区，降水量少于苏北、皖北地区，年降水量在600～800毫米，豫东地区稍多。此区为欧美杂种及部分欧亚种品种的适宜栽培区，冬季无需埋土防寒。

第二章 葡萄安全生产

一、农产品安全生产

农产品安全生产直接关系人们的健康和安全。在农业生产中，农药、化肥、添加剂和激素等农业化学投入品的使用是保证农业丰收和农产品优质的重要手段，但是片面地追求产量、不科学地使用农药等农业化学投入品，就会严重污染食物，在威胁人类健康的同时还会造成严重的环境污染。

农产品安全生产是提高农业效益的有效途径。一是无污染、安全、有营养的农产品品质好，虽然价格高，但更符合现代消费者的要求。二是生产质量安全的农产品的成本低于常规的农产品，因为生产质量安全的农产品要求所用的农药、化肥等农业投入品的数量大大少于常规生产，它更强调在生产的每个关键点的控制，肥料上用有机肥来调节地力，病虫害的防治强调生态控制，使单位产品的管理成本低于常规农业生产。

农产品安全生产有益于新技术在农业生产中的应用。传统的农业生产方式是以化学肥料等农业生产资料为基础的生产技术系统，缺乏相对完整、配套、可操作的农业生产过程控制技术体系、标准和具体措施。因此，农产品安全生产的实施将促进农业新技术的应用。

（一）安全农产品的概念

随着经济的发展，人民生活水平的不断提高，消费者对安全食品的需求与关注程度越来越高。什么样的食品才能称其为“安全食品”呢？从国家标准的角度来讲，以国家颁布的《食品卫生标准》为衡量尺度，农药、重金属、硝酸盐、有害生物（包括有害微生物、寄生虫卵等）等多种对人体有毒物质的残留量均在限定的范围或阈值以内的农产品都属于安全农产品。目前国内市场上常见的安全农产品有三类，它们分别是无公害农产品、绿色食品和有机食品，其标志如图 2-1 所示。

图 2-1　无公害农产品、绿色食品和有机食品标志

无公害农产品、绿色食品和有机食品都属于农产品质量安全范畴，都是农产品质量安全认证体系的重要组成部分；无公害农产品是绿色食品和有机食品发展的基础，而绿色食品和有机食品是在无公害农产品基础上的进一步提高。无公害农产品质量水平是保障基本消费安全，满足的是大众消费，是最基本的市场准入条件，采用产地认定和产品认证相结合的方式，完全采取政府推动的方式发展起来；绿色食品是在整体上达到发达国家质量安全水平，满足人们对食品质量安全更高的需求，已成为代表我国农产品精品形象的国家品牌，推行质量认证与证明商标管理相结合的认证管理模式，以政府推动和市场运作相结合的方式发展；有机食品强调有机农业的生产过程，是国际上比较通行的一个概念，提倡人与自然和谐共处的理念，采取市场化运作方式发展。

（二）安全农产品生产的条件

1. 实现农产品安全生产必须具备下列条件

（1）良好的农业生产环境，要求土壤、大气、水源质量达到国家规定的安全标准。

（2）农业投入品必须符合规定要求。

（3）加工、流通和销售等环节，必须有效防止污染，从原料到成品接受全程监控，达到国家标准。

（4）生产的食品要安全、优质、有营养。

2. 无公害农产品应具备如下条件

（1）农产品的产地环境应符合相应无公害农产品产地环境要求，达到规定的用水、土壤、空气的质量指标，符合相应的产地环境国家标准。

（2）制定并执行农产品的生产技术规程和加工技术规程。

（3）农产品的安全质量应符合相应的国家标准要求，达到规定的农产品的重金属及有害物质限量和农药最大残留限量。

无公害果品的质量指标中，对食用安全性提出了具体要求。我国2001年颁布了国家标准《农产品安全质量　无公害水果安全要求》（GB 18406.2—2001），为规范我国无公害水果的食用安全性提供了统一标准（表2-1、表2-2）。根据国家标准的规定，无公害水果的安全要求包括：

表2-1　无公害水果重金属及其他有害物质限量（GB 18406.2—2001）

项　　目	指标（毫克/千克）
砷（以As计）	≤0.5
汞（以Hg计）	≤0.01
铅（以Pb计）	≤0.2
铬（以Cr计）	≤0.5
镉（以Cd计）	≤0.03

（续）

项　　目	指标（毫克/千克）
氟（以 F 计）	≤0.5
亚硝酸盐（以 $NaNO_2$）	≤4.0
硝酸盐（以 $NaNO_3$）	≤400

表 2-2　无公害水果农药残留最大限量（GB 18406.2—2001）

项　　目	指　　标
马拉硫磷	不得检出
对硫磷	不得检出
甲拌磷	不得检出
甲胺磷	不得检出
久效磷	不得检出
氧化乐果	不得检出
甲基对硫磷	不得检出
克百威	不得检出
水胺硫磷	≤0.2
六六六	不得检出
DDT	不得检出
敌敌畏	≤0.2
乐果	≤1.0
杀螟硫磷	≤0.5
倍硫磷	≤0.05
辛硫磷	≤0.05
百菌清	≤1.0

（续）

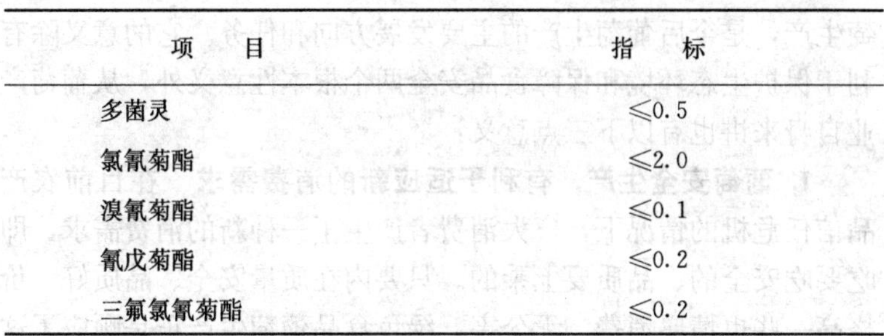

项　　目	指　　标
多菌灵	≤0.5
氯氰菊酯	≤2.0
溴氰菊酯	≤0.1
氰戊菊酯	≤0.2
三氟氯氰菊酯	≤0.2

注：未列项目的农药残留限量标准各地区根据本地实际情况按有关规定执行。

（三）安全农产品的基本特征

一是以绿色消费需求为导向，体现农产品的绿色化、特色化与农业可持续发展的兼容性。

二是以农业工业化和经济生态化理念为指导，体现农业集约化经营与生态化生产的有机耦合和经济社会生态综合效益的最大化。

三是以农业资源集约、精细、高效和可持续开发利用为前提，体现资源节约型农业与精致型农业的统一性。

四是以科技创新为农业增长的主动力，体现优质高效技术与绿色安全技术的有机结合。

五是以贸工农一体化的产业体系为支撑，体现专业化、企业化生产主体与产业化、社会化服务组织的有效连接。

二、葡萄安全生产

（一）葡萄安全生产的意义

葡萄是我国重要的鲜食果品，深受广大人民群众的欢迎；葡萄也是加工葡萄酒、葡萄汁、葡萄干的原料。因此，葡萄的质量安全直接关系到食用安全、关系到人的身体健康。从我国葡萄生产实际情况来看，全面实现葡萄安全生产，逐步扩大绿色食品葡萄生产，是今后葡萄生产的主要发展方向和任务。它的意义除有利于保护生态环境和保障食品安全两个根本性意义外，从葡萄产业自身来讲也有以下三点意义：

1. 葡萄安全生产，有利于适应新的消费需求 在目前农产品信任危机的情况下，广大消费者产生了一种新的消费需求，即吃要吃安全的、品质要上乘的。只要内在质量安全、品质好，价格高一些也情愿消费。无公害、绿色食品葡萄生产正是顺应了这种消费需要和消费发展趋势。无公害、绿色食品葡萄由于生产过程严格控制化肥、农药的使用，因而安全性和品质大大提高，近几年，质量好的无公害、绿色食品葡萄价格卖到 20 多元、近 40 元 1 千克，而大量使用化肥、农药的葡萄，品质比不上无公害、绿色食品葡萄，价格也就受到限制。

2. 葡萄安全生产，有利于保持葡萄产业的持续健康发展 葡萄，目前在整个农业大产业中是产出效益比较高的优势产业。质量和安全是葡萄产业能否持续发展的核心问题。在目前的葡萄生产中，对生产过程农业投入品的使用存在着一些令人忧虑的问题：因受农药使用知识面的限制，有的在生产中过度使用农药；有的使用农药超出范围，品种选择不合适，个别的使用禁用农药和其他禁用农业投入品；有的使用农药的剂量和安全间隔期不按规定；有的片面地追求大果粒，不适当或不按规定使用植物生长激素。这些问题的存在，直接影响了葡萄生产的质量安全问题。

3. 葡萄安全生产，有利于发展葡萄外销出口 我国葡萄产品也已进入国际贸易的轨道之中，葡萄产品的对外出口量逐年增加，而且还呈现不断增加的趋势，但我国的葡萄出口目前还没有形成批量出口，造成这个问题的原因，除渠道没有打开外，中国葡萄的产地环境污染严重，农药、化肥使用过量，葡萄产品的质量安全是一个重要原因。现在，国际上无论是欧盟、美国、俄罗斯，甚至东南亚各国，对葡萄产品的安全要求愈来愈严，在这种

新的形势下，为了保证我国葡萄生产的持续增长，促进农民收入的不断增加，必须全面实行以无公害、绿色食品葡萄生产为主导的安全优质化生产，以确保葡萄产品的优质和安全，实现葡萄生产的可持续发展，这既是国内外市场准入的基本要求，也是我国葡萄生产发展的必然趋势。

（二）葡萄安全生产的现状

近年来，随着人民生活水平的提高和市场需求的增长，人们对食品的担忧从过去的食物短缺转变为食物安全。我国是世界果品生产第一大国，每年约有 4 000 万吨鲜果流向市场，葡萄是其中贸易量较大的水果之一，尤其近些年，鲜食葡萄生产的发展极为迅速，全国许多地方把发展优质葡萄生产作为一项调整农村产业结构和促进农民脱贫致富的主要途径。

近年来，随着人们生活水平的不断提高，人们越来越重视果品的安全问题。无公害葡萄也更受到人们的青睐，以传统模式生产的葡萄必将很快被市场淘汰，取而代之的将是绿色无公害葡萄。无公害葡萄是指葡萄的生长环境、生产过程以及包装、贮存、运输中未被农药等有害物质污染或虽有轻微污染但符合国家标准的葡萄。生产无公害葡萄是有严格标准和程序的，它主要包括环境质量标准、生产技术标准。但目前在鲜食葡萄的安全生产上存在诸多有待解决的问题，特别是农药、化肥、激素等大量使用，不但影响了我国葡萄产业的可持续发展，而且直接危害人类的健康和食用安全。

1. 栽培者重产量轻品质的倾向仍普遍存在　由于历史的原因，多数农民存在着重产量轻质量的观念，特别是受优质不优价、高产才高效的传统影响，沿袭了多年的高产栽培管理模式，忽视了产品质量，亩产一直在 2 500 千克以上，果穗松散，大小粒严重，果实着色差，含糖量不足 15%，造成树势衰弱、病虫害增多、优质果品率低，影响市场销售和果品贮藏。

生产中不同程度存在环境污染，滥用农药、化肥及植物生长调节剂问题；整形修剪欠规范，施肥有很大盲目性；一方面缺水，一方面存在严重浪费或节水灌溉质量差的问题。由于栽培技术不够规范而导致葡萄生长、结果严重不一致，葡萄品质较差。

2. 管理不到位，技术老化 在技术管理上，习惯于大肥大水，施农肥不开沟，地表面铺肥，使肥效不能充分发挥，造成根系上翻，地表根系受冻严重，造成土壤有机质含量下降，既降低了土壤温度又使土壤板结，浪费了人力、物力和财力。

在枝蔓管理上，留枝密度大，通风通光不良，夏剪摘心过重，留叶量只有6～7个主梢叶片，副梢全部抹掉，造成光合作用差，导致枝条成熟度差，果穗不整齐，果粒大小不均，果品质量无保证。

3. 葡萄栽培中存在滥用植物生长调节剂的倾向 实践表明，合理使用植物生长调节剂（习惯上称为“激素”）是葡萄栽培中的一项积极措施。但过度使用则产生以下问题：①果穗和果粒过大、过密，影响品质；②穗轴及果柄严重硬化，易落粒；③食用安全无保障，可能危害健康。造成滥用生长调节剂的主要原因在于生产者盲目追求大果、大穗和高产量，也和某些制造商及代言人的片面宣传有关。有些产区由于多次并超量使用各种膨大素和催熟剂而使葡萄的食用品质和贮藏性能显著恶化，应引起高度重视。

4. 农药使用量大 比发达国家的单位面积用量高出近1倍。有些地区的果园每公顷用药量达到了30～75千克，远远高于欧洲最高用药量。在生产中，农药使用次数多，使用技术不规范也已成为一个主要的安全问题。

大多数果农及部分果树技术人员不了解农药合理使用准则，使用时违反关于安全间隔期和使用浓度规定的事例常有出现。一般讲，规范、科学、合理地使用农药，不会对葡萄质量安全构成威胁，但如果滥用农药，不注意选择农药、不注意使用浓度和安

全间隔期，那么葡萄质量安全就不可能得到保证。

（三）葡萄安全生产的要求

1. 选用优良品种和进行区域化栽培 生产良种化与种植区域化，是世界鲜食葡萄发展的共同趋势。葡萄产业发达国家对鲜食葡萄良种化倍加重视，在充分利用原有优良品种的基础上，还利用本国和国外资源，卓有成效地不断育出新的优良品种，推广应用于生产。对葡萄品种的区域化亦非常重视，严格依据区划研究成果进行区域化种植。

我国在鲜食葡萄良种化方面已取得长足进展，大粒、优质、早熟或晚熟、耐贮运品种及大粒、优质无核品种是当前和今后一段时期内的首选发展品种。在区域化种植方面也越来越引起重视，已成为我国鲜食葡萄产业发展的必然趋势。

2. 实施规范化生产和标准化管理 规范化生产和标准化管理，是世界鲜食葡萄发展的又一共同趋势。葡萄产业发达的国家对葡萄生产全过程都进行规范化的生产，大都已形成稳定的规范化生产模式，并制定相应的法律、法规，依法进行管理和监督。在苗木生产、区域种植、产量控制、农药使用、产品质量、商品包装等一系列鲜食葡萄生产过程中均有章可循。近年来，随着有机农业的倡导，葡萄生态栽培日渐受到重视。行间以种草代替休闲、以覆草代替使用除草剂，减少化肥用量，使用无毒、低残留农药已成趋势。

我国对鲜食葡萄规范化生产和标准化管理日趋重视，农业部已组织制定、颁布了葡萄苗木、鲜食葡萄农业行业标准，一些产区也制定了部分相关标准和规程。为使我国鲜食葡萄产业尽快与国际接轨，加速制定相关标准，推动规范化生产的进程已成不可逆转的趋势。尽快制订与国际接轨的葡萄生产、葡萄产品质量和葡萄产品出口质量标准，并有效发挥农业部果品和果树苗木质量监督检验测试中心的作用。只有对葡萄产品和苗木质量进行监督检验和依法管理，才能使我国鲜食葡萄生产真正实现规范化和标准化。只有按国际市场需求组织鲜食葡萄生产，才能使产品为国际市场所认可。

3. 严格限产，保证质量 葡萄产业发达国家均制定有鲜食葡萄标准，对鲜食葡萄品质有严格的要求。由于人民生活水平的提高和果品产量的不断增加，消费者对果品质量的需要越来越强烈，广大果农受传统的“高产高效”思想的影响，对果品质量的重视不够，导致生产出的果品质量较差。为了增加出口创汇，应在葡萄种植者中树立质量意识，研究推广提高葡萄品质和加工品质的技术，不断提高产品质量。

随着市场经济的发展，市场对葡萄品质的要求不断提高，使我国鲜食葡萄种植者对限产保质已有认识。严格限产、保证质量也必将成为我国鲜食葡萄生产的重要举措和发展趋势。

4. 保障市场需求，实现周年供应 保障市场需求，实现周年供应是世界鲜食葡萄生产追求的目标。除选择合理的品种结构外，设施栽培与贮藏保鲜是解决鲜食葡萄周年供应的有效途径。世界葡萄设施栽培历史超过百年，鲜食葡萄贮藏保鲜已采用 SO_2 气体调控技术，实现了从冷库到上市销售的冷链运输，这些技术必将进一步发展和完善。

我国设施葡萄栽培起步较晚，20 世纪 80 年代以来，除早熟、延迟促成设施栽培外，南方地区的避雨栽培均有所发展，现仍呈发展态势。但我国鲜食葡萄贮藏保鲜技术与设备目前仍较落后，需不断提高、完善和发展。

5. 加大科技投入，健全科技推广体系，提高产业整体技术水平 应加大科技投入，开展优良品种的引、选、育及开发利用研究，筛选和培育适合我国不同生态条件的优良品种。开展鲜食葡萄区划研究，实现品种区域化种植。开展“无公害化葡萄生产体系”研究与开发，建设有特色的优质鲜食葡萄生产基地，创立名牌鲜食葡萄，生产无公害葡萄，以适应市场需求和参与国际竞争。

我国葡萄生产者的技术水平参差不等，为葡萄生产者提供各种信息服务，推广以提高鲜食葡萄质量的综合栽培技术，提高葡萄生产者的生产管理水平和鲜食葡萄的商品性，需要有健全的葡萄科技推广体系作支撑。只有全面提高葡萄种植者的素质，增强葡萄产品质量意识，才能提高我国鲜食葡萄产业的整体技术水平和国际竞争能力。

三、葡萄安全生产中应遵循的原则

（一）农业生态学原则

一是生态效益原则。生态效益追求的是动物、植物、生物在自然界良性循环、共生共荣；追求的是人、社会、自然界和谐统一，高度发展。

二是因地制宜的原则。发展葡萄安全生产，要根据不同的地区的实际情况坚持适地适栽，做到种养措施、生物保护措施和工程措施综合配套；高度重视生态农业技术的推广工作，成熟的生态农业技术包括：节水灌溉技术、种养结合技术、测土配方与平衡施肥技术、葡萄病虫害综合防治技术、轮作技术、种草养畜技术、秸秆与畜禽粪便综合利用技术等。因地制宜发挥区位、生态优势，开发有竞争力的农产品，通过农产品产业化生产，降低成本，提高收益。

制定农产品生产的技术规范，提高产品质量监测水平，以及开发少用或不用化学农药的替代技术，消除世界各国不同的绿色壁垒，提高农产品出口创汇的能力，增加农产品经济效益。

生态农业建设是人类改造客观世界的实践过程，它追求的目标是经济效益、社会效益、生态效益的高度统一。因此，它必然是政府行为、社会行为和法人行为的集合。

总之，生态农业是生产无公害农产品的有效途径，而对安全农产品的需求和“绿色战略”又将推动生态农业的快速发展与完善。

（二）绿色化学原则

实行养分资源的综合监管，加强肥料投入品管理，实行无害化化肥准入制度；强化耕地养分质量监管，建立耕地质量预警预报系统；加快有机废弃物资源化利用，提高无害化处理水平；调整肥料品种结构，向平衡、高浓度、专业化方向发展。

推广成熟的化肥、农药施用技术，提高化肥和农药的效率，是减少面源污染、改善农业环境质量的重要手段。要因地制宜地推广成熟的化肥、农药施用技术。采用测土配方施肥、改良施肥方法和施肥时间等措施减少化肥施用量；科学使用农药，提倡病虫害综合防治，减少农药对环境的污染。要鼓励有机肥、绿色农药替代无机化肥和高毒农药的使用。我国有机肥资源十分丰富，纯养分达 7 000 万吨，含有大量的氮、磷、钾及作物所需的微量元素，利用潜力十分巨大。大力推广低毒、有效含量低、施用量少、对病虫害防治效果好、防效长的新农药。

农业面源污染使河流水库水质富营养化，硝酸盐污染超标导致饮用水质量下降，已严重威胁农业生产安全和人们的身体健康。通过科普和大众媒体，加强教育和培训，提高全民对农业面源污染的认知和自觉参与防治污染的意识，引导和规范农业生产方式，鼓励农民采取环境友好技术以实现减少农药和促进农业可持续发展战略的实施。

（三）清洁生产原则

农业污染的主要来源有：农用化学品的盲目使用、农用塑料和生长调节剂污染、农业生产中自身的有机废物污染等。秸秆仍是近年一直关注的污染物，它的焚烧问题、利用问题还未完全解决。农业生产中还有很多不合理的措施，带来农业污染，影响农业可持续发展和农产品安全。

农产品安全生产主要考虑两个方面：一是产地必须无污染、安全，另一方面是生产过程是否安全。产地的环境如土壤、灌溉水遭受污染，农产品的安全生产就没有保障。如果生产中各种农业措施不合理，农产品污染物超标，农产品将影响人的健康。

（四）技术经济学原则

目前，世界各国已经认识到过度依赖种子、肥料、化肥、农药等常规投入物对资源、环境、人体健康等会造成潜在性、累积性、扩散性的影响，而且已经开始重视安全农产品技术（优良新品种和高效、低毒、低残留等）的研究。如美国为了防止农产品的污染和各种病毒，对种子的培育、纯度检测、播种技术的使用等都制定了严格的技术标准；除了能够提供给养外，还富含大量有益微生物的有机—无机复混肥料和缓释肥料也正受到国内外的普遍重视。以现代微生物发酵工程技术为基础的生物农药生产技术以其对环境更加安全而受到重视，其中苏云金芽孢杆菌（Bt）杀虫剂的年产值已经超过10亿美元；研究开发的饲料生产、添加剂质量和畜禽养殖等的全程控制技术，实现了饲料生产环保化、添加剂产品生物化、畜产品健康化。与此同时，为了解决大量使用化学农药来防治农作物病虫害和杂草所造成的污染，世界各国积极推广病虫害综合防治技术和生物防治技术。美国从20世纪70年代起，就开展了农作物病虫害综合防治的研究工作，现在其大部分农作物，包括小麦、玉米、水稻、大豆、蔬菜等，都先后使用了综合防治措施，实现生态、经济和社会效益的最大化，农产品的质量也显著提高。

先进生产技术的使用并不意味着只要使用了新技术就一定会得到好的效果，为了彻底提高农产品的质量，国际上对其产前、产中和产后进行全程检测：产前主要是对生态环境——产地环境中的水、土、气及工业污染等的安全进行检测；产中则主要对肥料、各种生长激素和调节剂、种子、饲料、农药等农业投入品的质量安全进行检测；产后主要对各种农产品是否能够进入市场进行检测。由于高新技术在农业上的应用，对于农产品质量的检测能力不断提高，其灵敏度也越来越高，残留物的超痕量分析水平已达到0.1微克，环境检测周期大大缩短；高效分离手段、各种化学和生物选择性传感器的使用，使在复杂混合体中直接进行污染物选择性测定成为可能。

（五）贸易规则

农产品绿色贸易是建立在现代农业资源、生产、贸易、环境和人类消费需求变化以及上述各方面间和谐统一基础之上的现代农业生产贸易方式，是现代农业可持续生产、经营和贸易活动过程的总和。农产品绿色贸易是农业增长国际化的前提和基础，是现代农业经贸史发展进步的必然结果和最终选择，是农业贸易与环境和谐统一的客观需要，也是发展农村区域特色经济的必然要求。

国际贸易保护主义是制约我国农产品贸易和区域农业经济发展的一个主要因素，我国国内农产品自身品质、质量与安全性等方面的问题也是另一个重要原因。

四、应用 HACCP 体系进行鲜食葡萄的安全控制

HACCP 是危害分析和关键控制点（Hazard Analysis Critical Control Point）的简称，其最大优点是使食品将以最终产品检验为基础的控制点，转变为在生产环境下鉴别并控制住潜在危害的预防性方法。目前，HACCP 已被国际权威机构认可为控制食品引起疾病的最有效方法。HACCP 体系作为科学、简便、实

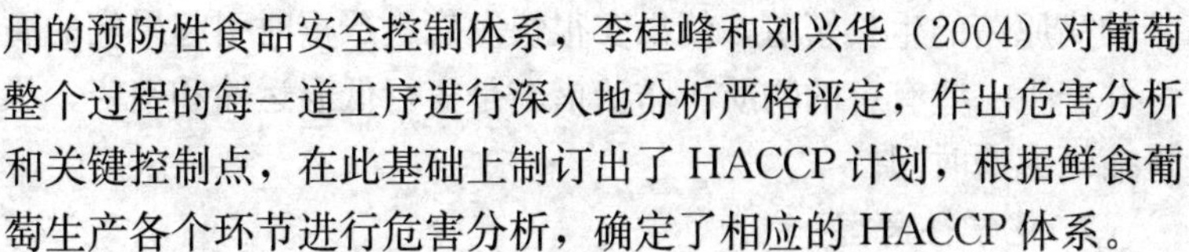

用的预防性食品安全控制体系，李桂峰和刘兴华（2004）对葡萄整个过程的每一道工序进行深入地分析严格评定，作出危害分析和关键控制点，在此基础上制订出了HACCP计划，根据鲜食葡萄生产各个环节进行危害分析，确定了相应的HACCP体系。

（一）鲜食葡萄生产面临的危害分析

1. 生物性危害

（1）生产过程中的生物性危害。葡萄在田间生长期间，土壤、空气、昆虫、雨水、病株、野生寄主都可能使其感染疾病，但由于田间采取控制措施或外界环境条件不适宜，收获前尚未发病、外观正常，但实际上葡萄已被病原菌潜伏侵染。入侵葡萄的病原菌主要是真菌，真菌产生真菌类毒素，它的存在对人体健康有潜在的危害，细菌很少侵染。防治田间病害发生的首要措施是加强田间管理，减少葡萄果穗在田间受病原菌的侵染，采后用化学药剂处理或采取低温气调贮藏，可以抑制病原菌的生长繁殖，降低对果实的为害。

（2）葡萄贮藏中形成的生物性危害。葡萄采后进行贮藏，贮藏容器或库房消毒不彻底，有可能存在病原体。贮藏环境中由于气流的传播，病害和健康果接触，造成病原菌的扩散传播，造成果实生物性病害的发生。另外为了保持葡萄的新鲜度，贮藏环境有较高的相对湿度，这为病原菌生长繁殖创造了良好的条件，甚至会产生真菌毒素，如黄曲霉毒素、棒曲霉毒素、棕曲霉毒素等。为了控制或降低贮藏过程的生物性危害，首先在果实入库之前对库房和贮藏容器进行彻底消毒，贮藏中保持低温、高CO_2和低O_2可以抑制或延缓病原菌的生长繁殖。另外，果实在采后贮前用硫处理或其他化学防腐剂处理，也可以控制贮藏过程中的生物性危害。

（3）运输和销售过程中引起的生物性危害。葡萄经长期贮藏后，抗病能力下降，运输和销售过程中的较高温度加速了葡萄携带的病原菌的生长繁殖，使果实很快发病，严重时引起果实的腐烂并产生一些有害的物质。防治措施是实行低温运输和销售，尽量缩短流通时间。

2. 化学性危害

（1）葡萄生产环境污染造成的化学性危害。随着工业的发展，向环境中排放的污染物与日俱增，这些物质通过水、大气和土壤直接或间接地污染果品，使葡萄中化学污染物含量增高，而这些污染物大多对人体健康有潜在威胁。因此，选择葡萄种植基地时，一定要考虑到工业污染的影响，要检测空气中 SO_2 和氟化物等大气环境质量标准，确认土壤中六六六、铜、铅、汞等污染指标低于国家环保标准，农田灌水要确保在工业安全距离以内，这样才能降低环境污染对葡萄品质和安全性的影响。

（2）肥料和农药造成的化学性危害。在葡萄的生产中，为了提高产量和保证产品质量，田间施肥和农药杀菌、杀虫是非常重要的，但是使用浓度不当或使用有剧毒、高残留的农药会造成葡萄果实的化学性污染，影响品质和安全性。葡萄在生长过程中灰霉、青霉、毛霉等病原菌的潜伏侵染非常严重，如果不采取措施会造成大量的腐烂。田间使用杀虫剂大多为有机磷和有机氯类，如甲胺磷、辛硫磷、甲基对硫磷、马拉硫磷、氧化乐果、敌敌畏等，杀菌剂为苯并咪唑类。人长期摄入有机磷农药可表现出肝功能下降、血糖升高、白细胞吞噬功能减退，并致畸、致癌、致突变。因此，在使用时必须谨慎，严格执行《农药使用标准》（GB 4258—89），在肥料的使用上尽量增施有机肥。

（3）植物生长调节剂造成的危害。为了提高坐果率，改变葡萄成熟的进程，常用植物生长调节剂来处理葡萄。目前，常用的植物生长调节剂为萘乙酸、2，4-D、矮壮素、赤霉素、乙烯利，这些物质常会影响葡萄的品质，使果实的抗病性下降，降低葡萄的贮藏寿命，并且这些物质在果实中残留会造成化学性危害。因此，使用植物生长调节剂一定要注意浓度，国家禁止使用的或高

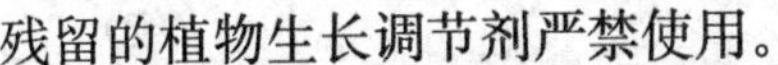

残留的植物生长调节剂严禁使用。

(4) *贮藏中硫处理造成的化学危害*。葡萄在长期贮藏中硫处理是当前普遍采用的一种贮藏措施。二氧化硫可强烈地抑制葡萄的真菌病害，抑制葡萄的呼吸代谢，从而达到长期贮藏之目的。但二氧化硫的残留对人体造成较大的危害，严重地损坏人体的呼吸系统。目前，正推广使用辐照或臭氧处理，但也存在安全性问题。因此无论是硫处理，还是辐照或臭氧处理都必须要严格控制使用剂量，以提高果实的安全性。

3. 物理性危害　葡萄在田间生长期间，由于自然环境条件的变化或水分供应不平衡造成裂果或日灼、雹打等，采收、贮藏、运输过程中的机械损伤，气调贮藏中 CO_2 浓度过高或 O_2 浓度过低造成的生理伤害，都影响到葡萄的外观品质。因此，田间合理管理、保持水分平衡供应，采收运输中动作要轻，贮藏中保持合理的气、体配比，可以减少葡萄的物理性危害。总之，葡萄在生长、贮藏和运输中多种因素影响到其安全性。表 2－3 列出了鲜食葡萄的危害分析和控制措施。

表 2－3　鲜食葡萄生产过程的危害分析

步骤	潜在危害	显著性	判断依据	控制措施	CCP是否
产地环境	生物性：无	否			是
	化学性：有机磷、有机氯、重金属、SO_2	是	空气水土壤中有毒物质在葡萄中残留	远离环境污染区栽植葡萄或拒食污染区葡萄	是
	物理性：无	否			是
田间管理	生物性：致病菌、虫卵、虫体	否	田间或病树病菌繁殖	搞好果园卫生，采取杀菌措施严格	否
	化学性：农药、植物生长调节剂、杀菌剂残留	是	使用农药杀虫剂杀菌剂植物生长调节剂的残留	执行国家关于农药防腐剂植物生长调节剂使用标准	是
	物理性：碰伤	否			否

（续）

步骤	潜在危害	显著性	判断依据	控制措施	CCP 是否
采收	生物性：致病菌 化学性：无 物理性：碰伤、掉粒	否 否 否	采收造成的机械损伤加重病菌繁殖	人工采收，尽量减少机械损伤	否 否 否
分级	生物性：致病菌 化学性：无 物理性：碰伤	否 否 否	交叉感染	缩短分级时间，降低分级温度，避免交叉感染	否 否 否
包装	生物性：致病菌 化学性：材料中的醛类 物理性：掉粒	否 否 否	容器携带病菌	容器每次使用前要彻底消毒	否 否 否
防腐处理	生物性：无 化学性：SO_2 物理性：SO_2、漂白、斑点	否 是 否	SO_2 处理后的残留	严格控制 SO_2 用量或用辐照、臭氧代替硫处理	是 是 是
贮藏	生物性：致病菌 化学性：病菌毒素 物理性：压伤、擦伤、果穗干枯	是 否 否	长期贮藏潜伏病原菌发病病菌产生毒素	贮前杀菌和贮藏中控制温度和气体成分	是 否 否
出库运输销售	生物性：致病菌 化学性：无 物理性：掉粒、失水干缩	否 否 否	运输销售过程中温度回升引起病原菌大量繁殖	降低流通温度，缩短流通时间	否 否 否

（二）葡萄质量的关键控制点

根据对各工序潜在危害的分析提出相应的纠偏措施，按照HACCP判断原则确定产地环境、田间管理、硫处理和贮藏四道工序为关键控制点。

1. 产地环境的选择 葡萄生产基地的空气、水质、土壤对葡萄的品质和安全性影响明显。首先要了解葡萄种植地的环境污染情况，确认土壤中铜、铬、锡、汞等项污染指标在国家规定的环保标准内，空气中 SO_2、氟化物不能超过大气环境质量标准（GB 11607—89），灌溉水标准符合（GB 5749—85）规定。在了解环境检测结果的基础上，再检验葡萄，这样才能真正控制葡萄由于环境所造成的化学危害。

2. 田间管理技术 葡萄田间管理造成的危害是人为因素导致的，不适当地使用农药、肥料、植物生长调节剂和杀菌剂造成的化学性危害。化肥使用使葡萄的产量有较大幅度的提高，但氮（N）肥大量使用使地下水中硝酸盐含量增加，进而亚硝酸盐被植物吸收损害人体的健康。磷肥中夹带的铜、铬、锡、汞等重金属，也会造成果实的毒物残留。使用肥料要根据国家规定在AA级绿色食品中不能使用化学合成肥料，在A级绿色食品中可限量使用化学合成肥料，且有机氮和无机氮之比不超过1∶1。病虫害防治最好采用生物方法，使用农药根据《农药安全使用标准》（GB 4285—89），同时葡萄采后用农药快速检测技术来测定。采前喷洒植物生长调节剂和杀菌剂是栽培上改进果品品质、增强耐藏力、防止生理病害和真菌病害的主要措施之一，但使用不当会影响安全性，因此控制用量在国家规定的食品安全范围内。

3. 防腐处理 目前，葡萄在贮藏中，国际上普遍用硫处理来控制病原菌的存活率，但有两个负面影响：SO_2 的残留危害人体健康和不适剂量造成葡萄褪色、表面产生斑点。因此，硫处理要特别注意使用剂量。据防腐目的和安全性考虑，SO_2 处理后果实中 SO_2 残留量限值为10微克/克。监控手段可直接测果实中 SO_2 的含量。目前推广使用辐照处理和臭氧处理通过辐照不仅能减少害虫生长和抑制微生物引起的腐烂，还可干扰基础代谢过程，延缓果实的成熟衰老。但放射性物质的残留也影响食品的安全性，对于葡萄放射性物质应执行1977年制定的“食品中放射性物质的限量标准”（GB 14882—1994）。臭氧处理可抑制葡萄腐烂，臭氧能直接抑菌还能诱导果实的抗病性，可一定程度地降低果实表面微生物毒素和农药残留。但臭氧是强氧化剂，会引起果实变色或产生自由基。

4. 贮藏条件 贮藏条件是影响葡萄最重要的关键控制点。贮藏条件对葡萄的影响不但表现在对呼吸作用、蒸腾作用、成熟衰老的影响上，而且对微生物病害也有影响。适宜的低温、高CO_2和低O_2会抑制葡萄的呼吸作用，延缓成熟衰老，抑制微生物病害的发生，但过低温度、过高CO_2浓度或过低O_2浓度会引起果实发生伤害，降低葡萄的耐藏性和抗病性，使微生物病害加重。因此，对环境温度的控制应遵循在果实不受冷害的前提下降到最低的原则。

（三）鲜食葡萄质量的HACCP计划

根据生产鲜食葡萄各个工序潜在危害进行分析，确定关键控制点的关键限值、监控程序、纠偏行动、记录和验证。在执行HACCP前进行验证，进而对计划进行修改。对所有工艺环节都要求按照卫生规范要求执行，HACCP需要有良好的操作规范为基础。HACCP计划见表2-4。

表2-4 鲜食葡萄质量HACCP计划

关键控制点	显著危害	关键限值	监控				纠偏行动	记录	验证
			对象	内容	方法	人员			
产地环境	有机磷、有机氯、重金属、硫化物	种植地空气水土壤符合国标（GB 11607—89）和（GB 5749—85）规定	大气、水质、土壤	环保指标	实地调查和检查	环境监测员	改用其他生产基地原料	大气、水土壤指标记录	每年考察一次

（续）

关键控制点	显著危害	关键限值	监控				纠偏行动	记录	验证
			对象	内容	方法	人员			
田间管理	农药、化肥、植物生长调节剂	田间用药根据国家规定的果树农药、激素、杀菌剂、使用标准科学用药	生长期葡萄	残留物含量	抽样检查	原料验收员	拒收	原料记录	快速测定有机磷、有机氯
防腐处理	SO_2	果实中 SO_2 残留量限值为10微克/克	葡萄果实	SO_2 残留量	控制 SO_2 用量	监控员	脱硫或抽空处理	硫处理时间和浓度记录	抽样测残硫量
贮藏条件	致病菌和毒素	贮藏条件的限值为：温度0℃±1℃；相对湿度90%～95%；O_2 浓度2%～4%；CO_2 浓度3%～5%	贮藏条件	贮藏条件	控制贮藏条件	库房管理员	缩短贮藏期	贮藏条件记录	每周抽样检查

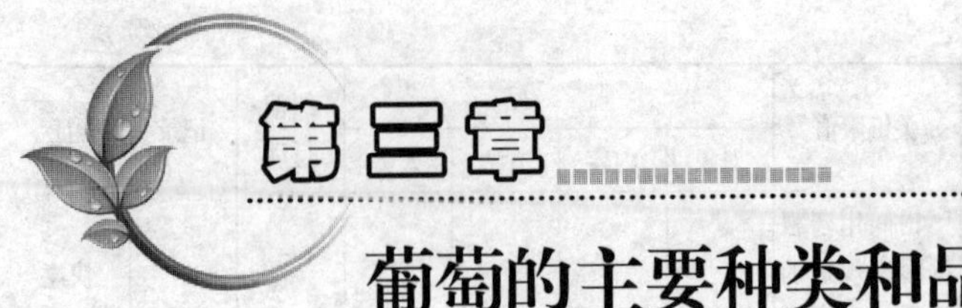

第三章 葡萄的主要种类和品种

一、葡萄的主要种类

葡萄属于葡萄科（Vitaceae）葡萄属（*Vitis*）。葡萄属约有70个种，我国约有38个种，用于栽培的只有20多个种，分布于北半球和南半球的温带和亚热带。目前全球栽培的葡萄品种约有1.4万个，其中在资源圃中保存或在栽培上应用的品种有7 000～8 000个，他们主要来源于欧亚种群、北美种群和东亚种群。另外，还有1个杂交种群。

（一）欧亚种群

该种群目前仅存1个种，即欧洲种或欧亚种（*V. vinifera* L.），起源于欧洲及亚洲。世界上著名的鲜食、加工、制干品种大多属于该种。该种的品种极多（5 000多个），其产量占世界葡萄产量的90%以上。我国栽培的龙眼、牛奶、玫瑰香、无核白等品种均属于该种。

欧洲种果实品质好，风味纯正，但抗寒性较差。成熟的枝条和芽眼能耐－18℃～－16℃的低温，根系能耐－5～－3℃的低温。该种对真菌性病害抵抗能力弱，不抗黑痘病、白腐病等，不抗根瘤蚜。抗石灰质土壤能力强。该种适于在气候比较温暖、阳光充足和较干燥的地区栽培。

欧洲葡萄根据生态地理特点又可分为3个品种群，即东方品种群、西欧品种群和黑海品种群。东方品种群的品种长期在华

北、西北驯化栽培，适应于大陆性干旱气候下栽培，在江淮流域栽培容易徒长、罹病，成绩不佳。西欧品种群和黑海品种群的品种主要也只适于在淮北及其以北的地区栽培、长江流域及其以南地区主要栽培的是欧美杂种葡萄品种。

（二）北美种群

该种群包括28个种，大多分布在北美洲的东部。在栽培和育种上有利用价值的种主要有：

1. 美洲种（*V. labrusca* L.）　又称美洲葡萄，原产北美东部。该种果实具有浓厚的麝香味，叶背密生灰白或褐色毡状茸毛，卷须为连续性着生。抗病性强，耐潮湿。抗寒性较强，成熟的枝条和芽眼耐－22～－20℃低温，根系能耐－8～－7℃的低温。该种对石灰质土壤敏感，易患失绿病。

2. 河岸葡萄（*V. riparia* Michaux）　原产北美东部。叶三裂或全缘，叶片光滑无毛，生长势强。抗旱、耐湿热，抗病性强，对扇叶病毒有较强的抗性，高抗根瘤蚜。抗寒性较强，成熟的枝条和芽眼能耐－30℃以下的低温，根系耐－13～－11℃的低温。喜土层深厚肥沃的冲积土，不耐石灰质土壤。果实小，品质差，无食用价值。该种主要用于抗寒、抗旱及抗根瘤蚜砧木。目前生产上广泛应用的抗寒砧木贝达（Beta）即是河岸葡萄和美洲种的杂交后代，根系可抗－12℃左右的低温。

3. 沙地葡萄（*V. rupestris* Scheele）　原产美国中部和南部。叶片光滑无毛，全缘。果实小，品质差，无食用价值。抗寒性较强，根系可耐－10～－8℃的低温，枝、芽可耐－30℃的低温。该种抗旱性强，抗根瘤蚜、白粉病和霜霉病。该种及其杂种主要作抗旱、抗根瘤蚜砧木，圣乔治（St. George）是其代表性的品种。

（三）东亚种群

该种群包括 39 个种，生长在亚洲东部，原产于我国的有 10 余个种。主要有：

1. 山葡萄（*V. amurensis* Rupr.） 分布在我国的东北、华北及韩国、朝鲜、俄罗斯的远东地区。尤以东北长白山区最多，主要生长在林缘与河谷旁。

该种是葡萄属中抗寒性最强的一个种，成熟的枝条和芽眼能耐−50～−40℃的低温，根系可耐−16～−14℃低温。对白粉病和霜霉病的抗性较差。多属雌雄异株，但已发现了两性花类型（双庆），并选育出了两性花品种（双优）等。山葡萄种内类型较多，类型间性状变异较大。果粒圆形，呈紫黑色。扦插发根能力较弱，多采用实生播种繁殖，但种内也发现一些扦插发根能力较强、成活率较高的株系和类型。

山葡萄主要用作寒冷地区的抗寒砧木、抗寒育种的原始材料和酿酒原料。

2. 蘡薁（*V. thunbergii* Sieb. et Zucc） 又名董氏葡萄，产于华北、华中及华南各地，日本、朝鲜也有分布。浆果圆形，黑紫色。果汁深红紫色。该种扦插不易发根，抗寒性较强，在华北一带可露地安全越冬。可作抗寒、抗病育种的原始材料。

东亚种群中可供酿造和利用的种还有刺葡萄（*V. davidii* Foex.）、葛藟葡萄（*V. flexuosa* Thunb.）、秋葡萄（*V. romanetii* Romen.）和毛葡萄（*V. quinquangularis* Rehd.）等。

（四）杂交种群

该种群是葡萄种间进行杂交培育成的杂交后代。如欧洲种和美洲种的杂交后代称为欧美杂种，欧洲种和山葡萄的杂交后代称欧山杂种。其中欧美杂种在葡萄品种中占有相当的数量，这些品种显著的特点是：浆果具有美洲种的草莓香味，具有良好的抗病性、抗寒性、耐湿性和丰产性，使欧美杂种能在较大的地区种植。目前，在我国、日本和东南亚地区，欧美杂种已成为当地的主栽品种。它主要用作鲜食和制汁，但品质不及欧洲葡萄。目前我国和日本栽培较多的欧美杂种品种有巨峰、京亚、藤稔等。

二、主要栽培葡萄品种的特征特性

东亚种群中可供酿造和利用的种还有刺葡萄（*V. davidii* Foex.）、葛藟葡萄（*V. flexuosa* Thunb.）、秋葡萄（*V. romanetii* Romen.）和毛葡萄（*V. quinquangularis* Rehd.）等。

（一）鲜食有核品种

1. 欧亚种葡萄品种 鲜食葡萄品种中大部分均为欧亚种品种，欧亚种品种品质优良，但抗病性较差。因此，欧亚种品种应在光照充足、气候较为干旱的地区发展，同时要注意病害的防治。

（1）早熟品种。

①87-1。该品种发现于辽宁省鞍山市。嫩梢紫红色，幼叶紫红，有光泽，成龄叶片大，近圆形，叶背无茸毛。叶片3～5裂，叶柄基部呈开张或闭合形。幼叶薄，成叶较厚，叶柄及叶脉紫红色，枝条充分成熟后呈红黄色。果穗宽圆锥形，有歧肩或副穗，果穗大，平均果穗重550克，最大达2 000克，果粒着生紧密。果粒长卵圆形，平均单粒重5.5克。果皮紫红色，果肉脆，味甜，有浓厚的玫瑰香味，可溶性固形物含量15.0%～16.0%，含酸量0.6%。

植株生长中等，芽眼萌发力强，结果能力较强。结果枝率86%，每果枝平均着生1.6个果穗，副梢结实力也强。在北京地区4月上旬萌芽，5月中旬开花，7月底果实成熟。

②兴华一号。日本品种。嫩梢绿色，有紫红附加色，无茸

毛。幼叶背面光滑，红色。成龄叶片中等大，深绿色，无毛，深5裂，不平展，叶柄长，叶厚。枝蔓节间短粗，当年枝条成熟极好，两性花。果穗椭圆形或圆锥果穗大，呈圆锥形，平均果穗重650克，最大达1 500克。果粒呈长椭圆形，平均单粒重9.0～12.0克。果皮红色至紫红色，果肉较柔软，味甜爽，有清香味，可溶性固形物含量18.0%～19.0%。

植株生长健壮，果枝率高，每果枝平均着生花序1.3个。丰产，抗病性较强。在北京地区4月上中旬萌芽，5月下旬开花，7月下旬果实成熟。

③郑州早玉。中国农业科学院郑州果树研究所培育的早熟葡萄新品种。枝条为白褐色，枝条圆，表面有细条纹，表皮上具皮孔，节上和节间无绒毛，节间长度中等，较细；新梢上绒毛少，卷须间断着生。幼叶表面浅黄色，有光泽，绒毛少；成龄叶心形，叶型较小，黄绿色，叶片上卷，较薄，5裂，缺刻中等。两性花。果穗较大，圆锥形，平均果穗重437克，果粒着生中密。果粒长椭圆形，平均单粒重7.0克。果皮绿黄色，果肉甜脆，略有玫瑰香味，可溶性固形物含量16.0%，含酸量0.47%。

植株生长中等，萌芽率高。结果枝率70.5%，每果枝平均着生1.2个花序，副梢结实能力强，早果性好，丰产。在郑州地区4月上旬萌芽，5月中旬开花，7月中旬果实成熟。抗病性中等，对葡萄黑痘病和霜霉病抗性中等。果实成熟期遇雨易造成裂果。

④红旗特早玫瑰。该品种是山东平度市红旗园艺场从玫瑰香中选育的芽变品种。新梢黄绿色略带紫红色，成熟枝条红褐色，节间中等。叶片中大，心脏形，光滑无毛，3～5裂，叶缘具钝锯齿。果穗较大，圆锥形，有副穗，平均果穗重550克，最大穗重可达1 500克，果粒着生较紧密。果粒圆形，平均单粒重7.0～8.0克。果皮紫红色，具有玫瑰香味，可溶性固形物含量17.0%。

植株生长中等，萌芽率70.0%以上。结果枝率80.0%左右，每果枝平均着生1.6个果穗，副梢结实能力强，丰产。在山东平度地区4月上旬萌芽，5月下旬开花，7月初果实成熟。该品种耐干旱、耐瘠薄、抗寒性较强。果实成熟期遇雨易造成裂果。

⑤京秀。中国科学院北京植物园育成。嫩梢绿色，无附加色，具稀疏绒毛。叶片中等大，近圆形，5裂，上裂刻深，下裂刻浅，叶片较光滑，叶背无毛，叶缘锯齿三角形，大而锐，先端尖，叶柄洼开展矢形或拱形。果穗圆锥形，平均果穗重400～500克，最大穗重可达1 000克。果粒着生较紧密，果粒椭圆形，平均单粒重5.0～6.0克。果皮玫瑰红色或鲜紫红色，肉脆味甜，可溶性固形物含量15.0%～17.5%，含酸量0.46%。

植株生长势中等或较强，萌芽率62.8%。结果枝率中等，每一结果枝上的平均果枝数1.21个，早果性强，丰产。在北京地区4月上中旬萌芽，5月中下旬开花，8月初果实成熟。田间表现抗白腐病、霜霉病能力较强。

⑥90-1。90-1为河南科技大学园艺系1990年在乍娜上发现的极早熟芽变，属极早熟葡萄新品种。嫩梢绿色，具紫红色条纹，上有稀疏绒毛。幼叶中厚，紫红色，有光泽，叶背有稀疏绒毛，叶面绒毛极少。成龄叶中大，心脏形，5裂，上裂刻较深，下裂刻较浅，叶背有稀疏混合毛，叶正面无毛，较粗糙，锯齿大，中等锐，叶柄洼拱形，叶柄长，呈粉红色，两性花。果穗圆锥形，带有副穗，果穗中大，平均果穗重500克，最大达1 100克，果粒着生中密。果粒近圆形，粉红色，未成熟果具3～4道纵向浅沟纹，果粒较大，平均单粒重8.0～9.0克，最大达15.0克。果皮中厚，有清淡香味，可溶性固形物含量13.0%～14.0%，有机酸含量0.18%。每果粒含种子2～4粒，种子与果肉、果皮与果肉易分离。

树势较强，萌芽率高，平均萌芽率71.61%，平均果枝率52.3%，每果枝平均花序数1.84个。不易落粒，早果、丰产性均好。在洛阳地区4月中旬萌芽，5月中旬开花，6月中旬果实着色，6月下旬成熟。从萌芽至果实成熟70天，属早熟品种。

(2) 中熟品种。

①玫瑰香。英国品种。嫩梢底色黄绿，无附加色或微有紫红色，绒毛稀疏或中等。叶片中等大，心脏形，中厚，微上卷，5裂，上侧裂刻深，闭合，具底圆的卵圆形空隙，下侧裂刻浅，多呈凹角形。叶面光滑，下表面有黄白色绒毛和刺毛。叶缘锯齿锐，双侧直，先端尖。叶柄洼多开张，具尖底的竖琴形。花两性。果穗较大，圆锥形，平均果穗重350克，果粒着生疏散或中等紧密。果粒椭圆形或卵圆形，平均单粒重4.5克。果皮黑紫色或紫红色，具有浓郁的玫瑰香味，可溶性固形物含量18.0%～20.0%。

植株生长中等。结果枝率75.0%，每果枝平均着生1.5个果穗，副梢结实能力强，丰产。在北京地区4月上旬萌芽，5月下旬开花，8月下旬至9月上旬果实成熟。适应性强，抗病力中等。

②里扎马特。前苏联品种，我国先后从前苏联和日本引入，目前全国各地均有栽培。新梢绿色。幼叶黄绿色，有光泽。成叶中大，圆形或肾形，浅3裂或5裂，正面或背面均无茸毛，叶缘锯齿锐。叶柄洼拱形。两性花。果穗特大，圆锥形，果穗稍松散，平均果穗重850克，最大穗重可达2 500克。果粒长椭圆形，平均单粒重12.0克，最大粒重20.0克左右，有时果粒大小不太整齐。果皮鲜红色至紫红色，清香味甜，可溶性固形物含量14.0%～16.0%，含酸量0.45%。

树势极旺，结果枝率45.0%，每果枝平均着生1.13个果穗，副梢结实能力弱。在华北地区4月上旬萌芽，5月下旬开花，8月中旬果实成熟。采收后果实不耐贮藏和运输。抗病性中等，易感白腐病和霜霉病。

③大粒玫瑰香。在山东平度市发现的玫瑰香芽变。嫩梢绿

色，附淡紫色条纹，有稀疏绒毛；1年生成熟枝淡红色。幼叶黄绿色，附加紫色；与一般玫瑰香相比，成龄叶片大而厚，深绿色，叶片心脏形，5裂，缺刻中浅，叶片上表面光滑，下表面有稀疏绒毛，锯齿钝，叶柄洼拱形。两性花。果穗中大，双歧肩圆锥形，平均果穗重430克。果粒大，椭圆形，平均单粒重6.5克。果皮紫红色，具麝香味，可溶性固形物含量15.0%～18.5%，含酸量0.6%～0.7%。

植株生长势强，芽萌发率高，每果枝平均着生1.4个果穗，产量中等。在山东平度地区4月中旬萌芽，5月底至6月初开花，8月下旬果实成熟。抗病性一般，尤易感染白腐病。

④香妃。北京市农林科学院林业果树研究所培育的品种。嫩梢绿色，有绒毛；1年生成熟枝红褐色。幼叶橙黄色，上表面光滑，下表面有绒毛；成龄叶片中等大，心脏形，5裂，缺刻深至浅，锯齿圆顶形，上表面光滑，下表面绒毛稀，叶柄洼宽拱形。完全花。果穗较大，短圆锥形，有副穗，平均果穗重322克。果粒大，近圆形，平均单粒重7.6克。果皮绿黄色，果肉硬脆，有浓郁的玫瑰香味，可溶性固形物含量14.3%。

树势中等，芽眼萌发率高，结果枝率61.5%，每果枝平均着生1.82个果穗，副梢结实力中等，产量较高。在北京地区4月中旬萌芽，5月下旬开花，8月上旬果实成熟。抗逆性中等。抗葡萄灰霉病、穗轴褐枯病力较强，抗白腐病、霜霉病、炭疽病、黑痘病和白粉病力中等。

（3）晚熟品种。

①美人指。日本品种。嫩梢黄绿色，附有紫红色，1年生成熟枝褐色。幼叶黄绿色附加紫红色，有光泽；成龄叶片中等大，心脏形，5裂，缺刻中浅，锯齿钝，上、下表面光滑，无毛，叶柄洼拱形。完全花。果穗中到大，圆锥形，无副穗，平均果穗重580克，最大穗重可达1 850克。果粒长椭圆形，平均单粒重10.0克，最大粒重20.0克。果粒先端果皮鲜红色，基部稍淡，

如美女手指。果肉脆甜，无香味，可溶性固形物含量16.0%～19.0%。

该品种生长势强，芽眼萌发率高，成枝率高，果枝率中等，每果枝平均着生1.1个果穗，副梢结实力中等，产量中等。在华北地区4月中旬萌芽，5月下旬开花，9月下旬果实成熟。果实耐贮性好，抗病性较弱，易感白腐病，枝条成熟较晚。

②红地球。又名红提、晚红，美国品种。嫩梢底色绿色，先端有紫红色条纹，中下部为绿色；一年生枝浅褐色。梢尖3片幼叶微红色，叶背有稀疏绒毛；成龄叶中等大，心脏形，5裂，上裂刻深，下裂刻浅，叶正、背两面均无绒毛，叶片较薄，叶缘锯齿较钝，叶柄红色或淡红色。两性花。果穗极大，长圆锥形，果穗松散或较紧凑，平均果穗重600克。果粒圆形或卵圆形，平均单粒重12.0～14.0克。果皮鲜红色或暗紫红色。果肉硬脆，味甜，可溶性固形物含量17.0%。

该品种树势较强，结果枝率为70%，每果枝平均着生1.3个果穗。在北京地区4月上旬萌芽，5月下旬开花，9月下旬果实成熟。果实耐贮性好，抗病性较弱，枝条成熟较晚。

③圣诞玫瑰。又名秋红、圣诞红，美国品种。嫩梢黄绿色，附加紫红色；1年生成熟枝深褐色。幼叶绿色，有光泽，无绒毛成龄叶片较大，心脏形，5裂，缺刻深中，锯齿锐，上、下表面均无毛，秋叶红色。完全花。果穗大，长圆锥形，平均果穗重800克。果粒大，长椭圆形，平均单粒重7.5克。果皮紫红色。果肉硬脆，味甜，可溶性固形物含量17.0%。

该品种树势强，芽眼萌发率高。结果枝率为78%，每果枝平均着生1.4个果穗，副梢结实力中等，产量高。在华北地区4月上旬萌芽，5月下旬开花，9月下旬至10月初果实成熟，果实耐贮运输。抗病力较强，但易感黑痘病。

④意大利。又名意大利亚，意大利品种，是欧洲各国栽培的主要晚熟鲜食品种。叶中大，心形，叶缘稍向上卷曲，深绿色；

5 裂，裂刻深；叶面较粗糙，叶背面具丝状绒毛；叶柄中长，微红色；叶基红色；叶柄洼多关闭式呈竖琴形，锯齿钝尖。两性花。果穗大，圆锥形，平均穗重约 830 克，果粒着生中等紧密。果粒大，椭圆形，平均单粒重 6.8 克，黄绿色。果皮中厚，果肉肥厚，味酸甜，充分成熟后有玫瑰香味。

树势中强，萌芽率 60%左右。结果枝率占总芽眼数的 15%，每果枝平均着生 1.3 个花序。在北京地区 4 月中旬萌芽，5 月下旬开花，9 月下旬果实成熟。意大利丰产、穗大、粒大、外形美观，果实耐贮运。抗白腐病、炭疽病能力中等，叶片易感白粉病及霜霉病。

⑤瑞必尔。又名美国黑提，美国品种。嫩梢绿色，微带红色。幼叶绿色，有光泽，成叶片大，近圆形。3 裂，叶缘微向上卷。锯齿中等锐。叶面、叶背均无绒毛。叶柄洼开张拱形。两性花。果穗中大，圆锥形或带副穗，平均果穗重 720 克，果粒着生中密。果粒近圆形或长圆形，平均单粒重 6.5 克。果皮紫红色至紫黑色。果肉脆，味酸甜爽口，可溶性固形物含量 16.0%，含酸量 0.60%。

树势中强，芽眼萌发率高，结果枝率高，每果枝平均着生 1.4 个花序，产量高。在华北地区 4 月上旬萌芽，5 月下旬开花，9 月下旬果实成熟。适应性较强，耐寒，对土质和肥水要求不严。抗病力中等，抗感黑痘病力弱。极耐贮运。

⑥红意大利。又名奥山红宝石，巴西品种。嫩梢绿色，略带紫红色；1 年生枝条为浅灰褐色，节处有较厚蜡质层是其特征。幼叶黄绿色，正反面均有光泽，背面有茸毛。叶片中大，心形，正面浓绿，叶背茸毛稀少，3～5 裂，裂刻较深。两性花。果穗大，圆锥形，平均穗重约 490 克，果粒着生中等紧密。果粒椭圆形或短椭圆形，平均单粒重 7.5 克，果皮鲜红或紫红色。果皮薄，果肉具玫瑰香味。可溶性固形物含量 17.0%。

树势较旺，芽眼萌发率高，结果枝率占总芽眼数的 66%，每果枝平均着生1.3个花序，丰产稳产。在北京地区4月中旬萌芽，5月下旬开花，9月底至10月初果实成熟。抗白腐病、炭疽病能力中等，叶片易感霜霉病。枝条抗寒性较差。属极晚熟品种。

⑦黑玫瑰。美国品种。嫩梢绿色，无绒毛。幼叶薄，叶面浅紫色，有光泽，叶片上表面有稀疏绒毛，下表面无绒毛。成龄叶较大，近圆形，中厚，深绿色，5裂，裂刻浅，叶片波浪状，叶表面光滑，叶背有稀疏白毛，叶缘锯齿大，稍钝。叶柄洼呈椭圆形。叶柄紫红色，且短于中脉，节间短。两性花。果穗大，圆锥形，平均穗重约700克，果粒着生较紧密。果粒长椭圆形，平均单粒重8.0克，果皮黑紫色。果皮厚，果肉脆，可溶性固形物含量17.0%，含酸量0.6%。果味浓，果肉具玫瑰香味。

树势强，每果枝平均着生1.37个花序。在河北怀来地区4月下旬萌芽，6月上旬开花，9月下旬果实成熟，属晚熟品种。抗病性中等，有日灼病发生。在多雨地区栽培有轻微裂果现象。

2. 欧美杂交种葡萄品种 欧美杂交种品种是指用美洲葡萄品种与欧亚种品种杂交形成的品种。这一类品种抗湿、抗病性明显强于欧亚种品种，适合在我国华中、华东及气候较为温润的地区栽培。

(1) 早熟品种。

①洛浦早生。洛浦早生为河南科技大学园艺研究所于1996年在京亚品种上发现的极早熟芽变。嫩梢叶片绿色，部分幼叶呈红紫色，叶正面无绒毛，叶背有较密的灰色绒毛，幼叶中厚；成龄叶中大，近圆形，5裂，上裂刻较深，下裂刻较浅，较粗糙；锯齿大，中等锐；叶柄洼拱形，叶柄较长，呈红紫色；成熟枝条红褐色，卷须间隔着生，两性花。果穗圆锥形，紧凑。平均穗重456克，最大达1 060克。果粒短椭圆形，果皮紫红至紫黑色，平均单粒重11.7克，最大可达16克。果粉厚，果肉软而多汁，味酸甜，稍有草莓香味。可溶性固性物含量13.8%～16.3%。

每果粒含种子 2～3 粒。

生长势较强，芽眼萌发率高，枝条成熟较早，隐芽萌发力中等。结果枝率为 66.8%，每果枝平均花序数 1.65 个，副梢结实率中等。耐贮运。在洛阳地区 4 月上旬萌芽，5 月中旬开花，6 月底至 7 月初成熟，从萌芽至成熟 90 天。抗病性强。

②京亚。中国科学院北京植物园培育的葡萄新品种。嫩梢绿色，具紫红色条纹，成熟枝条呈红褐色。幼叶中等厚，紫红色，有光泽，叶背有较密绒毛，叶面绒毛极少。成龄叶中大，心形，5 裂，上裂刻深，下裂刻浅。叶背有灰色绒毛，叶面无毛，较粗糙，叶柄洼拱形。叶柄长，呈红紫色。两性花。果穗圆锥形或圆柱形，平均穗重 480 克，最大穗重可达 650 克，果粒着生较紧密，果粒大而均匀。果粒短椭圆形，平均单粒重 9.5 克，最大粒重 15 克。果皮紫黑色，果粉厚，果肉较软、汁多，可溶性固形物含量 15.0%。味偏酸，略有草莓香味。

树势中等，结果枝率占总芽眼数的 55%，每果枝平均着生 1.6 个花序。在北京地区 4 月上旬萌芽，5 月中下旬开花，8 月上旬果实成熟。抗病性强。

③红双味。山东省酿酒葡萄科学研究所培育成的葡萄新品种。嫩梢绿色，绒毛稀；1 年生成熟枝棕黄色。幼叶绿色，附加红褐色，有光泽，成龄叶中等大，心形，5 裂，缺刻浅，叶缘略向后卷，叶柄洼窄拱形，秋叶红色。两性花。果穗中大，圆锥形，有歧肩、副穗，平均果穗重 506 克，最大穗重 608 克，果粒着生中密。果粒中等大，椭圆形，平均单粒重 5.0 克，最大粒重 7.5 克。果皮紫红或紫黑色，果肉软、多汁，可溶性固形物含量 16.5%，含酸量 0.65%～0.75%。香味浓郁，具有香蕉味和玫瑰香味，故称双味葡萄。

树势中等，芽眼萌发率高，结果枝率中等，每果枝平均着生 1.5 个花序，副梢结实能力强。在山东济南地区 4 月初萌芽，5 月中旬开花，7 月上、中旬果实成熟。抗病性强。土壤适应性强。

④紫珍香。辽宁省农业科学院园艺研究所培育成的四倍体葡萄品种。嫩梢绿色，附有浅红色；1年生成熟枝红褐色。幼叶绿色附件浅紫色，密生白色绒毛；成龄叶片大，3～5裂，上、下表面有绒毛，叶片向后卷，叶柄洼矢形；秋叶红色。两性花。果穗圆锥形，平均果穗重450克，果粒着生中密。果粒大，长卵圆形，平均单粒重10克左右。果皮紫黑色，果肉软，多汁，可溶性固形物含量14.5%～16.0%，含酸量0.7%。具有玫瑰香味。

植株生长旺盛，芽眼萌发率中等，结果枝率为76%，每果枝平均着生1.56个花序，副梢结实能力中等。在辽宁沈阳地区5月初萌芽，6月上旬开花，8月中、下旬果实成熟。抗病性强。

⑤户太8号。陕西西安葡萄研究所选育的新品种。嫩梢绿色，有稀疏绒毛1年生成熟枝红褐色。幼叶浅绿色附加粉红色，无光泽，绒毛密成龄叶片大，近圆形，3～5裂，裂刻深，锯齿钝，上表面粗糙，下表面有绒毛，叶柄洼为开张圆形。花为两性花。果穗大，圆锥形，平均果穗重700克左右，有副穗。果粒圆形，果粒大，平均单粒重10.4克左右。果皮紫黑色，果肉细脆，可溶性固形物含量17.3%，含酸量0.5%。具有玫瑰香味。

植株生长旺盛，一年多次结果特点突出。在陕西西安地区4月初萌芽，5月中旬开花，7月中旬果实成熟。对霜霉病、灰霉病、炭疽病表现较强抗病性。

(2) 中熟品种。

①京优。中国科学院北京植物园选育的品种。嫩梢绿色，附加紫红色；1年生成熟枝棕色。幼叶绿色，叶缘和叶背为紫红色；成龄叶片中大，心脏形，5裂，缺刻深，锯齿钝，上表面较粗糙，下表面有绒毛，叶柄洼拱形。两性花。果穗大，圆锥形，平均穗重566克，最大穗重850克，果粒着生稍紧密。果粒大，果粒近圆形或卵圆形，平均单粒重10.5克，最大16克。果皮红紫色，肉厚而脆、味甜，可溶性固形物含量15.5%左右，含酸

量0.62%。

植株生长势较强，芽眼萌发率高，结果枝率为54%，每果枝平均着生1.4个花序，副梢结实能力中等。在北京地区4月上旬萌芽，5月下旬开花，8月中旬果实成熟。抗寒、抗旱力强。

②巨峰。日本品种。嫩梢、梢尖灰白色，绒毛密生，花青素含量弱至中，幼叶浅绿，上下表面绒毛密，无光泽。新梢节背绿带红色条纹。1年生枝条深褐色。卷须中至长，冬芽基部红色，着色度中至强。叶片大，中叶脉中至长，心脏形，3～5裂，裂刻浅，叶缘锯齿大，双侧凸，叶上表面平，脉色有微红，花青素弱，叶背绒毛为丝毛或混合毛，密，脉色绿，叶柄洼开张为窄拱形或矢形，叶柄长度中等，叶柄短于主脉长度。果穗大，圆锥形，平均穗重450克，果粒着生稍疏松或紧密。果粒大，近圆形或椭圆形，平均单粒重9.0克，最大粒重13.5克。果皮厚，紫黑色，肉质软，有肉囊，味酸甜，可溶性固形物含量16.0%左右，含酸量0.71%。有明显的草莓香味。

植株生长势强，结果枝率为57%，副梢结实能力中等。在黄河中下游地区3月底萌芽，5月下旬开花，8月中旬果实成熟。适应性强。

③黑奥林。日本品种。嫩梢绿色，有绒毛；1年生成熟枝褐色。幼叶绿色附加紫红色，有较多的绒毛；成龄叶片肥大，近圆形，3～5裂，缺刻浅，上表面光滑，下表面有绒毛，叶柄洼拱形，秋叶红色。完全花。果穗中大，圆锥形，平均果穗重500克，最大果穗重785克。果粒着生较紧密，近圆形，平均单粒重10克，最大粒重16.2克。果皮黑紫色，果粉中厚，肉质稍脆，果汁多，有草莓香味，可溶性固形物含量14.0%～16.0%，含酸量0.6%～0.7%。

树势旺盛，芽眼萌发率高，结实力强，结果枝率高，结果枝率为75%，每果枝平均着生1.3个花序，副梢结实力一般，产量高。在陕西关中地区4月上旬萌芽，5月中旬开花，8月中旬果实成熟。适应性强，抗病性与巨峰相似但不抗炭疽病。

④藤稔。日本品种。嫩梢底色绿，有浅紫红附加色。叶片大而厚，5裂，近圆形，叶面有浅皱纹，叶背有稀疏绒毛。叶缘锯齿锐，叶柄洼开张，呈拱形。花两性。果穗呈圆锥形，穗大，平均穗重600克。果粒极大，平均单粒重15克左右，最大粒达26.5克。果皮暗紫红色，肉质较致密，果汁多，可溶性固形物含量15.0%～17.0%。

植株生长势较强，结果枝率为70%，每果枝平均着生1.6个花序。在北京地区4月上旬萌芽，5月下旬开花，8月下旬果实成熟。适应性强。但易感黑痘病、灰霉病和霜霉病。

⑤先锋。日本品种。嫩梢黄绿色，有稀疏绒毛；1年生成熟枝红褐色。幼叶绿色附加紫红色，有光泽；成龄叶片大而厚，圆形，3～5裂，缺刻中等深，锯齿锐，上表面有网状皱纹，下表面有稀疏绒毛，叶柄洼拱形。完全花。果穗圆锥形，中等大小，平均穗重389克，最大可达650克。果粒着生中等紧密，果粒圆形，平均单粒重10.0克，最大粒重12.3克。果皮黑紫色，果肉脆，果汁多，味酸甜，可溶性固形物含量16.0%，含酸量0.6%，微有草莓香味。

植株生长势中等，芽眼萌发率较高，结果枝率为54%，每果枝平均着生1.5个花序，副梢结实力中等，产量较高。在郑州地区，4月上旬萌芽，5月中旬开花，8月中、下旬浆果成熟。从萌芽至浆果成熟需131～142天，此期间活动积温为2 958～3 127℃，抗病力较强，但不抗炭疽病、霜霉病。土壤水分不均匀易引起裂果。

⑥紫玉。别名早生高墨，欧美杂种。原产地日本，是高墨的早熟芽变品种。由日本植原葡萄研究所育成。1988年，中国科学院植物研究所北京植物园从日本引入我国，各地均有栽培。嫩梢橙黄色，梢尖半开张，橙黄色，有稀疏绒毛。幼叶橙黄色，上表面有光泽，下表面有稀疏绒毛。成龄叶片肾形，大，叶缘上

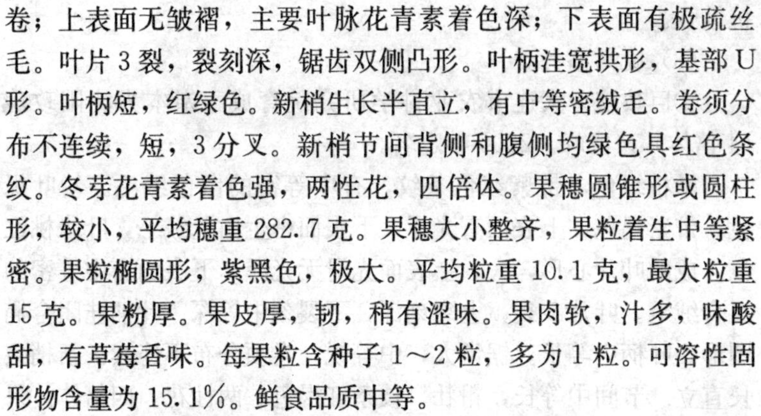

卷；上表面无皱褶，主要叶脉花青素着色深；下表面有极疏丝毛。叶片3裂，裂刻深，锯齿双侧凸形。叶柄洼宽拱形，基部U形。叶柄短，红绿色。新梢生长半直立，有中等密绒毛。卷须分布不连续，短，3分叉。新梢节间背侧和腹侧均绿色具红色条纹。冬芽花青素着色强，两性花，四倍体。果穗圆锥形或圆柱形，较小，平均穗重282.7克。果穗大小整齐，果粒着生中等紧密。果粒椭圆形，紫黑色，极大。平均粒重10.1克，最大粒重15克。果粉厚。果皮厚，韧，稍有涩味。果肉软，汁多，味酸甜，有草莓香味。每果粒含种子1～2粒，多为1粒。可溶性固形物含量为15.1%。鲜食品质中等。

植株生长势强，芽眼萌发率为71.0%。隐芽萌发的新梢结实力弱，夏芽副梢结实力中等。早果性较强。在北京地区，4月15日萌芽，5月24日开花，8月9日浆果成熟。从开花至浆果成熟需117天，此期间活动积温为2 467.0℃。浆果早熟。抗病性较强，耐潮湿。无特殊虫害。

⑦峰后。北京市农林科学院林业果树研究所从巨峰实生后代中选育的品种。嫩梢半开张，茸毛密，新梢半直立，节间绿色带红色条纹，茸毛疏，卷须间断性，成熟枝条红褐色，表面有细槽，节间中等长，冬芽花青素着色程度极强。幼叶橙黄色，厚，花青素着色程度弱，上表面有光泽，茸毛疏。成叶心形，厚，绿色，中等长，5裂，裂片稍重叠，叶缘锯齿双侧凸，叶柄洼开张椭圆形，叶背有极疏腺毛，叶背有轻度花青素着色，叶柄相对于主脉短，两性花。果穗较大，短圆锥形或圆柱形，平均穗重418克，果粒着生中等紧密。果粒短椭圆形，平均单粒重12.8克。果皮紫红色，果肉较硬，有草莓香味。可溶性固形物含量17.8%，含酸量0.58%。

植株生长势旺，萌芽率高，结果枝率为50.8%，每果枝平均着生1.5个花序，副芽结实力弱，副梢结实力中等。丰产性中等。在北京地区4月中旬萌芽，5月底开花，9月初果实成熟，抗性强。

(3) 晚熟品种。

①巨玫瑰。大连市农业科学研究院育成。亲本为沈阳玫瑰(4倍体)×巨峰。2000年定名。

嫩梢绿色，带紫红色条纹，有中等密的白色绒毛。幼叶绿色，带紫褐色，上表面有光泽，下表面密生白色绒毛，叶缘桃红色。成龄叶片心形，大，上表面光滑无光泽，下表面有中等密的混合绒毛。叶片5裂，上裂刻深，下裂刻中等深。叶柄洼闭合椭圆形。叶柄中等长。锯齿大，中等锐。卷须分布不连续。新梢生长直立。节间中等长，粗壮。枝条红褐色。两性花。四倍体。果穗圆锥形带副穗，大，平均穗重675克，最大穗重1 150克以上。果穗大小整齐，果粒着生中等紧密。果粒椭圆形，紫红色，大。平均粒重10.1克，最大粒重17克。果粉中等多。果皮中等厚。果肉较软，汁中等多，白色，味酸甜，有浓郁玫瑰香味。每果粒含种子1～2粒。种子与果肉易分离。可溶性固形物含量为19%～25%，鲜食品质上等。

植株生长势强。芽眼萌发率为82.7%。结果枝占芽眼总数的70.5%。每果枝平均着生果穗数为2.06个。隐芽萌发的新梢和夏芽副梢结实力均强。早果性好。在辽宁大连地区，4月中旬萌芽，6月上旬开花，9月上旬浆果成熟。从萌芽至浆果成熟需142天，此期间活动积温为3 200℃左右。抗逆性强。抗黑痘病、白腐病、炭疽病力较强，抗霜霉病力较弱。

②夕阳红。辽宁省果树研究所培育的葡萄新品种。嫩梢绿色，绒毛较少；成熟枝条粗壮，浅褐色。幼叶绿色，绒毛中多，有紫红色晕，叶面有光泽，心形，平展，3～5裂，上深下浅，锯齿锐利，叶脉绿色，叶柄洼拱形。两性花。果穗大，长圆锥形，无副穗，平均果穗重850克，最大可达1 500克。果粒大，椭圆形，平均单粒重13.0克，果粒着生紧密。果皮紫红色，果汁多，味甜，具有明显玫瑰香味。可溶性固形物含量16.0%，

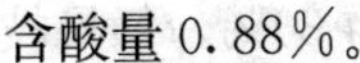

含酸量0.88%。

植株生长势强，芽眼萌发率达77.04%，结实率高，结果枝率为46%，每果枝平均着生1.4个花序。副梢结实力强，结果早，丰产性强。在辽宁沈阳地区5月上旬萌芽，6月上旬开花，9月下旬果实成熟。抗病性较强，但生长后期易感白腐病。

③高妻。日本品种。嫩梢黄绿色，有绒毛；1年生成熟枝红褐色。幼叶绿色附加紫红色；成龄叶片大而厚，近圆形。3～5裂，缺刻中，上表面光滑，下表面绒毛稀，叶柄洼拱形。完全花。果穗大，圆锥形，平均果穗重600克。果粒特大，短椭圆形，平均单粒重15.0克，果粒着生紧密。果皮紫黑色，草莓香味浓郁。可溶性固形物含量18%～21%。不裂果，耐贮运。

植株生长势一般，芽眼萌发率高。结果枝率为55%，每果枝平均着生1.5个花序。副梢结实力弱，结果早，丰产。在山东济南地区4月上旬萌芽，5月中下旬开花，8月下旬果实成熟。适应性和抗病力均强。

（二）鲜食无核品种

鲜食葡萄品种无核化是当前世界鲜食葡萄发展的方向。近年来，我国先后引入和选育了一批新的无核品种，各地可根据当地实际情况引种栽植。

1. 早熟品种

（1）京早晶。中国科学院北京植物园培育的品种。嫩梢绿色，1年生成熟枝深褐色。幼叶黄绿色，成龄叶片中大，圆形，5裂，缺刻深至中，上表面光滑有光泽，下表面稍有绒毛，锯齿锐，叶柄洼矢形，秋叶黄色。完全花。果穗大，圆锥形，平均果穗重450克，果粒着生中等紧密。果粒中小，卵圆形至长椭圆形，平均单粒重3.0克。果皮绿黄色，果皮薄，果肉脆，酸甜适口，味浓。可溶性固形物含量20.5%，含酸量0.6%。成熟后易落粒。

植株生长势强，芽眼萌发率高。结果枝率为30%，每果枝平均着生1.1个花序。在北京地区4月上旬萌芽，5月中下旬开花，7月下旬果实成熟。植株抗寒、抗旱力强，但易感霜霉病和白腐病。

（2）8611。又名无核早红，河北昌黎培育的三倍体无核葡萄品种。嫩梢黄绿色，附加酒红色；1年生成熟枝红褐色。叶片黄绿色，附加酒红色，有光泽；成龄叶片中等大，心形，5裂，缺刻中至浅，锯齿钝，上表面较粗糙，下表面有绒毛，叶柄洼拱形。完全花。果穗中等大，圆锥形，平均果穗重290克，果粒着生中等紧密。果粒椭圆形，平均单粒重4.5克。果皮粉红色或紫红色，风味稍淡。可溶性固形物含量15.0%。

植株生长势强，结果枝率高，每果枝平均着生2.0个花序，副梢结实力中等，产量中。在华北地区4月上旬萌芽，5月中下旬开花，7月底至8月初果实成熟。抗病性中等，对霜霉病、炭疽病和白腐病抗性较强。

（3）布朗无核。美国品种。嫩梢绿色，附加暗红色条纹，有稀疏绒毛；1年生成熟枝黄褐色，附加红色条纹。幼叶黄绿色，有光泽，绒毛多；成龄叶片大，近圆形，3裂，缺刻浅，叶片沿主脉皱缩向上，泡状，叶缘略向下卷，下表面有刺毛，叶柄洼全闭合或闭合裂缝形。完全花。果穗大或较大，多歧肩圆锥形，无副穗，平均果穗重445～627克，果粒着生紧密。果粒椭圆形或近圆形，平均单粒重3.2克。果皮淡玫瑰红色，肉质软，味酸甜，有草莓香味。可溶性固形物含量15.0%～16.0%，含酸量为0.55%。

植株生长势较强，芽眼萌发率中，结果枝率40.0%～55.6%，每果枝平均着生1.0～1.3个花序，副梢结实力较强，产量较高。在北京地区4月中旬萌芽，5月下旬开花，8月上旬果实成熟。抗黑痘病与炭疽病，但对霜霉病和白腐病抗性较弱。

（4）红光无核。又名火焰无核，美国品种。嫩梢黄绿色；1

年生成熟枝黄褐色。幼叶黄绿色附加浅红色；成龄叶片中等大，心形，5裂，缺刻深，锯齿锐，上表面光滑，下表面略有绒毛，叶柄洼拱形。完全花。果穗中等大，长圆锥形，平均果穗重400克，果粒着生中等紧密。果粒近圆形，平均单粒重3.0克。果皮鲜红或紫红色，肉质硬脆，味甜。可溶性固形物含量16.0%，含酸量为0.45%。

植株生长势强，芽眼萌芽率高，每果枝平均着生1.2个花序，副梢结实力中等，产量较高。在河北涿鹿地区4月底5月初萌芽，6月上旬开花，8月上旬果实成熟。抗病力、抗寒力较强。

(5) 夏黑。欧美杂种。原产地日本。日本山梨县果树试验场1968年杂交育成。亲本为巨峰×无核白。1998年，南京农业大学园艺学院从日本引入我国。

嫩梢黄绿色，梢尖闭合。幼叶乳黄至浅绿色，带淡紫色晕，上表面有光泽，下表面密生丝毛。成龄叶片近圆形，极大，下表面疏生丝状绒毛。叶片3或5裂，上、下裂刻深，裂刻基部椭圆形。锯齿圆顶形，较平缓，部分叶尖锯齿顶部稍尖。叶柄洼多为矢形。新梢生长直立。新梢节间背侧黄绿色，腹侧淡紫红色。枝条红褐色。两性花。果穗圆锥形间或有双歧肩，大，平均穗重415克。果穗大小整齐，果粒着生紧密或极紧密。果粒近圆形，紫黑色或蓝黑色，平均粒重3.0～3.5克。果粉厚。果皮厚而脆，无涩味。果肉硬脆，无肉囊。果汁紫红色。味浓甜，有浓草莓香味。无种子。可溶性固形物含量为20%～22%，鲜食品质上等。

植株生长势极强。隐芽萌发力中等。芽眼萌发率85%～90%，成枝率95%，枝条成熟度中等。每果枝平均着生果穗数为1.45～1.75个。隐芽萌发的新梢结实力强。在河南郑州地区，正常年份3月28日至4月10日萌芽。5月8～18日开花，7月15～20日浆果成熟。从萌芽至浆果成熟需100～120天，此期间活动积温为1 983.2～2 329.7℃。浆果早熟，抗病力强，不裂果、不落粒。

2. 中熟品种

(1) *绿宝石无核*。又名爱莫无核，美国品种。嫩梢黄绿色，带紫红色条纹，无绒毛。幼叶较薄，浅紫红色，有光泽，上表面有稀疏白毛，下表面无绒毛；成龄叶片大而肥厚，深绿色，3～5裂，裂刻浅，叶柄黄绿色略带红色，叶柄洼呈闭合椭圆形，叶缘锯齿较钝。两性花。果穗较大，紧凑，圆锥形，平均果穗重650克，果穗大小不整齐。果粒倒卵圆形，平均单粒重4.2克。果皮黄绿色，肉质脆，酸甜适口。可溶性固形物含量15.0%，含酸量为0.55%。

植株生长势强，芽眼萌芽率50%，结果枝占总芽数的70%，每果枝平均着生1.2个花序。在华北地区4月上旬萌芽，5月底开花，8月下旬果实成熟。抗病性较强。

(2) *金星无核*。欧美杂种，美国品种。嫩梢绿色，茸毛较多，有珠状腺体。幼叶绿色，边缘浅红色，密布茸毛。成叶较大，浓绿色，心形，中等厚，3～5裂，裂刻极浅，叶面粗糙，叶背密生茸毛，叶缘锯齿较钝，叶柄长，叶柄洼闭合或为窄拱形。两性花。果穗圆锥形，紧密，平均穗重350克。果粒近圆形，平均单粒重4.4克，经膨大剂处理后果粒可达7.0～8.0克。果皮蓝黑色，肉质软，味香甜，可溶性固形物含量16.0%～19.0%，含酸量为0.9%。

植株生长势强，芽眼萌芽率90%，结果枝率86%，每果枝平均着生1.6个花序，副梢结实力强。在沈阳地区4月底萌芽，5月底至6月初开花，8月中旬果实成熟。抗寒性、抗病性均强。

(3) *奇妙无核*。又名幻想无核，美国品种。嫩梢绿色有光泽，1年生成熟枝褐色。幼叶黄绿色附加浅黄色，有光泽；成龄叶片中等大，心形，5裂，缺刻深，锯齿锐，上、下表面光滑，叶柄洼拱形。完全花。果穗中等大，圆锥形，平均穗重500克。果粒长圆形，平均单粒重6.0～7.0克。果皮黑色，肉质甜脆，可溶性固形物含量16.0%～20.0%，含酸量为0.6%。

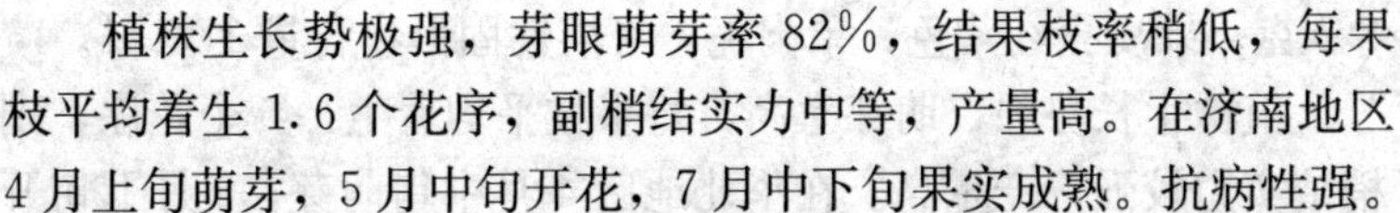

植株生长势极强，芽眼萌芽率82%，结果枝率稍低，每果枝平均着生1.6个花序，副梢结实力中等，产量高。在济南地区4月上旬萌芽，5月中旬开花，7月中下旬果实成熟。抗病性强。

(4) 森田尼无核。又名世纪无核、无核白鸡心。美国品种。嫩梢绿色，附加酒红色，有稀疏绒毛；1年生成熟枝黄褐色。幼叶黄绿色附加微红色，绒毛稀；成龄叶片中大，心形，5裂，缺刻深，锯齿锐，上、下表面无毛，叶柄洼拱形，秋叶黄色。完全花。果穗大，长圆锥形，平均穗重620克，果粒着生中等紧密。果粒鸡心形，平均单粒重4.5克，果皮绿黄色或金黄色，肉质硬脆，味甜。可溶性固形物含量16.0%，含酸量为0.6%。

植株生长势强，芽眼萌芽率高，结果枝率52%左右，每果枝平均着生1.2个花序，产量较高。在北京地区4月上旬萌芽，5月下旬开花，8月上旬果实成熟。抗病性、适应性中等。

3. 晚熟品种

(1) 绯红无核。又名克瑞森无核，美国品种。嫩梢黄绿色附加酒红色，有光泽；1年生成熟枝棕褐色。幼叶黄绿色附加酒红色，有光泽；成龄叶片中等大，心形，5裂，缺刻中至浅，锯齿锐，上表面光滑无毛，下表面略有绒毛，叶柄洼开张椭圆形。完全花。果穗中等大，圆锥形，有歧肩，平均穗重500克，果粒着生中等紧密。果粒椭圆形，平均单粒重4.0克。果皮亮红色。果肉黄绿色，细脆，味甜。可溶性固形物含量19.0%。

植株生长势强，萌芽率、成枝率均较强，每果枝平均着生1.3个花序，副梢结实力中等，产量中高。在北京地区4月上旬萌芽，5月底开花，9月上旬果实成熟。抗逆性较强。

(2) 红宝石无核。又名大粒红无核，美国品种。嫩梢黄绿色，附加酒红色，有光泽。1年生成熟枝褐红色。幼叶绿色附加酒红色，有光泽；成龄叶片大，5裂，缺刻浅，上下表皮光滑、无毛，叶柄洼矢形。完全花。果穗大，圆锥形，有歧肩，平均穗重850克，最大可达1 500克。果粒较大，卵圆形，平均单粒重

4.2 克。果皮亮红紫色，果肉脆，可溶性固形物含量 17.0%。

植株生长势强，萌芽率高，每果枝平均着生 1.5 个花序，副梢结实力较强，产量高。在华北地区 4 月中旬萌芽，5 月下旬开花，9 月中下旬果实成熟。抗病力中弱。

（3）红脸无核。美国品种。嫩梢绿色，1 年生成熟枝红褐色。幼叶黄绿色，密生白色绒毛；成龄叶片中等大，心形，5 裂，缺刻深，锯齿锐，上、下表面无毛，有光泽，叶柄洼闭合，叶柄深红色。完全花。果穗大，长圆锥形，平均穗重 650 克，最大可达 2 150 克，果穗较松散。果粒中大，椭圆形，平均单粒重 4.2 克，果皮鲜红色。果肉脆，味甜，可溶性固形物含量 15.5%。

植株生长势强，萌芽率高，结果枝率 80%，每果枝平均着生 1.5 个花序。在沈阳地区 5 月上旬萌芽，6 月中旬开花，9 月中旬果实成熟。丰产，抗病。

（4）皇家秋天。美国品种。嫩梢绿色、有光泽，1 年生成熟枝黄褐色。幼叶黄绿色附加酒红色，有光泽，无绒毛；成龄叶片中等大，心形，5 裂，缺刻深至中，锯齿钝，上、下表面光滑，叶柄洼拱形。完全花。果穗大，圆锥形，平均穗重 1 000 克，果穗较松散。果粒大，椭圆形，平均单粒重 7.0 克，果皮紫黑色。果肉脆甜，可溶性固形物含量 17.0%。

植株生长势强，芽眼萌发率中等，产量较高。在山东莱西地区 4 月中旬萌芽，5 月中下旬开花，9 月下旬果实成熟。抗病性弱。

（三）酿酒品种

1. 蛇龙珠 别名解百纳。欧亚种。原产法国，同赤霞珠、品丽珠是姊妹品种。1892 年我国张裕葡萄酿酒公司最早从法国引进。在山东的烟台、黄县、蓬莱，山西省的太谷等地区栽培面积较大。

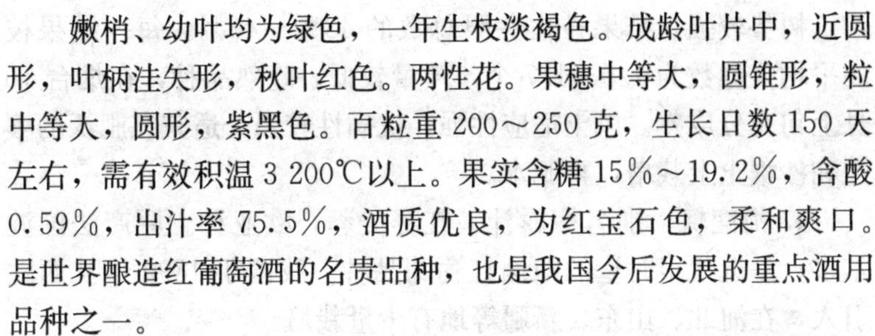

嫩梢、幼叶均为绿色，一年生枝淡褐色。成龄叶片中，近圆形，叶柄洼矢形，秋叶红色。两性花。果穗中等大，圆锥形，粒中等大，圆形，紫黑色。百粒重200～250克，生长日数150天左右，需有效积温3 200℃以上。果实含糖15%～19.2%，含酸0.59%，出汁率75.5%，酒质优良，为红宝石色，柔和爽口。是世界酿造红葡萄酒的名贵品种，也是我国今后发展的重点酒用品种之一。

树势强，耐瘠薄。芽眼萌发率高。每个结果枝平均花序数为1.2个。幼树结果较晚，产量中等，抗病、抗旱力较强。

2. 品丽珠　别名Bouchet。欧亚种。原产法国波尔多，栽培面积约2.33万公顷。意大利南部和东北部栽培面积也很大。我国的宁夏、山东、北京、云南均有栽培。

嫩梢绿色，有绒毛。幼叶绿色，叶面有光泽，叶背绒毛紧密。叶片小，近圆形，5裂，叶面呈小泡状，叶柄洼心形。两性花。果穗中等大，平均果穗重245.5克，圆锥形。果粒中等大，着生紧密，百粒重157克，圆形。紫黑色，果皮厚，果肉多汁，有青草味。含糖量17.6%，含酸量0.62%，出汁率76%。

生长势与结实力中等，结果较晚。适应性强，耐盐碱，喜沙壤土栽培。抗病性中等。

3. 赤霞珠　欧亚种，原产法国波尔多，是栽培历史最悠久的欧洲种葡萄，是世界上最著名的酿酒红葡萄品种。我国于1892年首次从西欧引入，现在河北、山东等地栽培较多。

嫩梢黄绿色，幼叶黄绿，叶面有光泽，叶背灰白色绒毛密。成叶中等大，圆形，叶缘锯齿钝，深5裂，叶面光滑，叶背绒毛稀，叶柄洼圆形闭合。两性花。果穗圆锥形，平均果穗重175克，较紧密。果粒圆形，紫黑色，平均单粒重1.85克，果皮厚，果肉多汁，淡青草味，含糖量19.3%，含酸量0.56%～0.71%，出汁率62%。用赤霞珠酿制的干红葡萄酒以其高质量在世界上最负盛名。

树势较强。结果枝占芽眼总数的43%～46%，每一结果枝的平均果穗数为1.5～1.7个，产量较低。晚熟品种，在烟台10月上旬充分成熟。风土适应性强，抗病性较强，适宜在肥沃的壤土和沙壤土上栽培，喜肥水。

4. 梅鹿辄 别名梅露汁、红赛美蓉，欧亚种。原产法国波尔多，是近代很时髦的酿酒红葡萄品种。我国于1892年从西欧引入，在河北、山东、新疆等地有少量栽培。

嫩梢绿色，附带紫红，有绒毛。幼叶绿色，叶面、叶背绒毛极密，叶缘玫瑰红色。成叶片大，绿色，近圆形，锯齿锐，深5裂。叶面有波状凸起，粗糙，叶背绒毛稀。叶柄洼开张椭圆形。两性花。果穗圆锥形，带歧肩和副穗，平均穗重238克，中等紧密。果粒近圆形或短卵圆形，平均单粒重1.84克。果皮紫黑色，较厚，果肉多汁，含糖量18%～20%，含酸量0.71%～0.89%，出汁率70%～74%。适合酿制干红葡萄酒和佐餐葡萄酒。常与赤霞珠酒勾兑，以改善成品酒的酸度和风格。

树势较强，结果能力强，极易早期丰产，产量较高。适应性和抗病性较强，适宜在肥沃的沙质土壤上栽培。中熟品种，在青岛9月中旬浆果充分成熟。

5. 霞多丽 别名查当尼，欧亚种，原产法国勃艮第，现主要在法国、美国、澳大利亚等国栽培。山东平度是我国霞多丽主要生产基地，河北、陕西、北京等地也有小面积栽培。

嫩梢绿色，微有暗红附加色，具有稀疏绒毛。叶片小，圆形，边缘下卷，浅5裂，叶面光滑，叶背有稀疏绒毛，叶缘锯齿小而钝，双侧凸。叶柄洼多开张，呈矢形。花两性。果穗圆柱形，平均果穗重142.1克，带副穗，有歧肩，极紧密。果粒近圆形，平均单粒重1.38克。果皮黄绿色，果皮薄，粗糙，果肉多汁，味清香，含糖量20.1%，含酸量0.75%，出汁率72.5%。主要用于酿造高档干白葡萄酒，酒色呈淡金黄色，澄清，幽雅，还可酿制高档香槟酒，其价格昂贵。

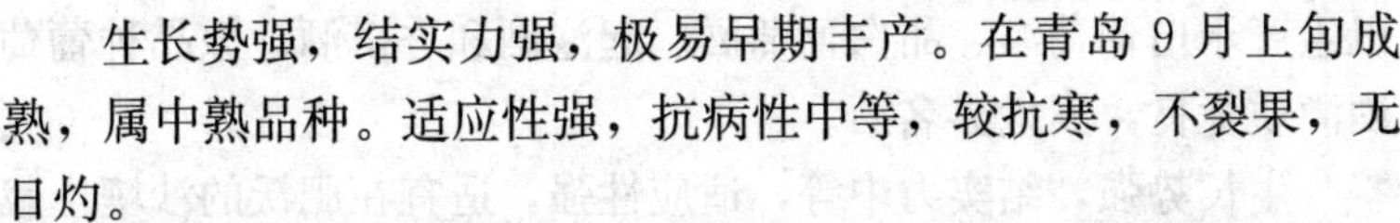

生长势强，结实力强，极易早期丰产。在青岛9月上旬成熟，属中熟品种。适应性强，抗病性中等，较抗寒，不裂果，无日灼。

6. 白玉霓 欧亚种，原产法国，是世界最著名的酿酒葡萄品种之一。目前是烟台张裕公司酿制白兰地葡萄酒的主要原料，河北、上海等地也有少量栽培。有望成为我国南方最有前途的优良酿酒葡萄品种。

嫩梢外观极似佳利酿，底色黄绿，无附加色，有浓密绒毛。叶片较大，心形，5裂，上侧裂刻深或较深，闭合，具卵圆形空隙，下侧裂刻浅，开张，叶面光滑，叶背有浓密的蛛丝状毛，叶缘锯齿双侧直，叶柄洼多闭合，呈椭圆形。两性花。果穗大，圆锥形，有歧肩，平均果穗重367.7克。果粒近圆形，平均单粒重1.46克。果皮薄，淡黄色，果肉多汁，无香味，含糖量19%，含酸量0.66%～1.22%，出汁率73%。白玉霓是酿造葡萄蒸馏酒——白兰地的专用品种，还可酿制佐餐葡萄酒，酒质优良。

生长势强，丰产稳产，适应性强，喜肥水。该品种在山东10月上旬果实成熟，属晚熟品种。抗病性较弱，易感白腐、炭疽、霜霉等病，不裂果，有日灼。

7. 白诗南 欧亚种，原产法国，栽培历史悠久。我国20世纪80年代由长城葡萄酒公司、华东葡萄酿酒公司从国外大量引进，现栽培面积不断扩大。

嫩梢绿色，梢冠多白色绒毛。幼叶绒毛极密，成叶叶片中等大小，近圆形，锯齿锐，深5裂，叶面呈网状皱或小泡状，叶背密生红色绒毛，主叶脉和叶柄呈暗红色，叶柄洼闭合裂缝形。两性花。果穗长圆锥形至圆柱形，带歧肩、副穗，果粒着生紧密。平均果穗重315克，最大600克。果粒小，圆形或卵圆形，平均粒重1.26克。果皮黄绿色，果肉多汁，有香味，含糖量17.3%，含酸量0.99%，出汁率72%。具有多种酿酒用途，可以生产干白葡萄酒、甜白葡萄酒、起泡酒和香槟酒。该品种葡萄酒酒质优良，属世界名酒。

生长势强，结实力中等，适应性强，适宜在肥沃的沙壤土栽培，抗病性中等，易感白腐病。胶东半岛地区 9 月中旬果实成熟，属中熟品种。

8. 意斯林 又名贵人香，欧亚种，原产意大利和法国南部，是古老的欧洲种葡萄。我国于 1892 年首次从欧洲引入，适于我国华北、西北地区栽培。目前在我国西北、华北以及山东、河南、江苏等地已有较大面积栽培。

嫩梢底色绿，有暗紫红附加色，绒毛中等。叶片较小，心形，平展，浅 5 裂，叶面光滑，叶背有中等黄白色绒毛，叶缘锯齿锐，双侧直，叶柄洼闭合，具椭圆形空隙，或开张，呈底部尖的竖琴形。花两性。果穗圆柱形，多具副穗，平均果穗重 134 克，果粒着生中等紧密。果粒圆形，平均单粒重 1.5 克左右，果皮薄，黄绿色，果面上有褐色斑点。果肉多汁，清香，含糖量 18.5%，含酸量 0.8%，出汁率 68%～76%。是世界上酿造白色葡萄酒的主要品种，也是制汁的好品种。酿制的葡萄酒酒质优良，酒色金黄，酒味清香，柔和爽口，回味良好。酒质极优。

树势中等偏弱，结实力强，产量中等。适应性较强，喜肥水，不耐旱，抗病性较强。在胶东半岛地区 9 月上旬果实成熟，属中熟品种。

9. 白羽 别名白翼等，欧亚种，原产格鲁吉亚，居世界酿酒白葡萄品种的第二位。我国 20 世纪 60 年代从保加利亚引进，目前已成为我国栽培面积最大、分布最广的酿酒白葡萄品种。

嫩梢底色绿，有暗紫红附加色，具中等绒毛。叶片中等大，薄，上翻，呈漏斗状，心形，浅 5 裂，叶面具网状皱纹，叶背粗糙，有中等银白色绒毛，叶缘锯齿小，双侧直，叶柄洼闭合，具

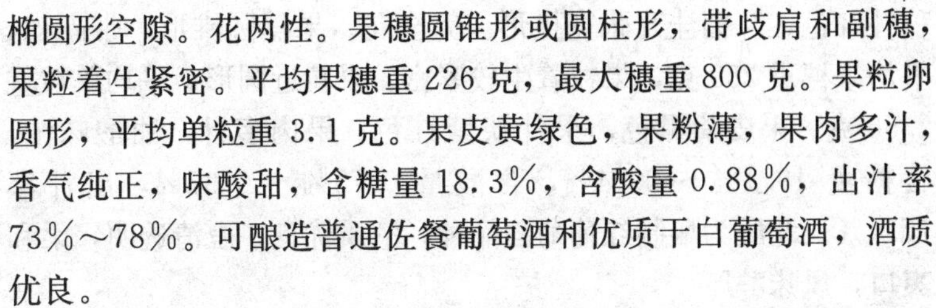

椭圆形空隙。花两性。果穗圆锥形或圆柱形，带歧肩和副穗，果粒着生紧密。平均果穗重226克，最大穗重800克。果粒卵圆形，平均单粒重3.1克。果皮黄绿色，果粉薄，果肉多汁，香气纯正，味酸甜，含糖量18.3%，含酸量0.88%，出汁率73%～78%。可酿造普通佐餐葡萄酒和优质干白葡萄酒，酒质优良。

生长势中等，副梢生长弱，夏季修剪简便，结实力强，较丰产。抗寒、抗旱、抗霜霉病的能力较强，抗白腐病的能力中等，不裂果，无日灼，但不抗白粉病。

10. 佳利酿　欧亚种，原产西班牙，其栽培面积居世界酿酒红葡萄品种的第二位。我国于1892年首次从国外引进，现在我国北方葡萄酒产区栽培较多。

嫩梢绿色，绒毛稀。幼叶黄绿色，叶面绒毛稀，有光泽，叶背绒毛密。成熟叶片大，圆形，5裂，叶面光滑，叶背有稀疏绒毛，叶柄洼开张矢形。中部叶脉粗而明显。两性花。果穗圆锥形，平均果穗重340克，果粒着生紧密。果粒近圆形，紫黑色，平均单粒重2.7克，果皮厚，多汁，味甜，含糖量18%～20%，含酸量1.0%～1.4%，出汁率85%左右。在国外，佳利酿常与其他品种调配生产清新爽口的佐餐酒，在我国常与其他品种原酒调配成中档葡萄酒或者蒸馏生产白兰地。

树势较强，产量高。适应性和抗病性较强。山东烟台10月初成熟，属晚熟品种。

11. 北醇　欧山杂种，是中国科学院北京植物园1954年以玫瑰香与山葡萄杂交育成。北京、河北、山东、吉林、辽宁等地都有栽培。

嫩梢黄绿色，密生绒毛，呈灰白色；1年生成熟枝黄褐色。幼叶黄绿色，叶缘鲜紫红色，绒毛多；成龄叶片大，近圆形，5裂，缺刻中等深，上表面粗糙，下表面有灰黄色短刚毛，锯齿锐，叶柄洼拱形，主脉分叉处有2个浅紫色斑点，微向外突起；

秋叶红色，叶柄洼开张宽拱形。完全花。果穗圆锥形，带副穗，平均果穗重259克，果粒着生较紧密。果粒近圆形，平均单粒重2.56克。果皮紫黑色，果汁淡紫红色，果肉多汁，甜酸味浓，含糖量19.1%～20.4%，含酸量0.75%～0.97%，出汁率77.4%。北醇为酿制红葡萄酒品种，酒质优良，澄清透明，柔和爽口，风味醇厚。

树势强，丰产性好。抗寒性及适应性较强。北京地区9月中旬果实成熟，属晚熟品种。

12. 公酿2号 欧山杂种，吉林农业科学院果树研究所1960年用山葡萄与玫瑰香杂交育成。

嫩梢绿色，有绒毛；1年生成熟枝浅黄褐色。幼叶淡绿色，有绒毛；成龄叶片大，3裂，缺刻浅，心形，呈漏斗状，锯齿钝，上表面有小泡，下表面有绒毛，叶柄洼窄拱形或闭合，秋叶红色。两性花。果穗圆锥形，有歧肩或副穗，果粒着生紧密，平均果穗重153克。果粒圆形，蓝黑色，平均单粒重1.6克。果汁淡红色，味酸甜，含糖量17.6%，含酸量1.98%，出汁率73.64%。为酿制红葡萄酒品种，酒为淡宝石红色，有类似法国廊酒的香味，较爽口，回味良好。

树势中等，副梢少，易于管理，结果早，产量较高，枝蔓成熟良好。抗寒力强，适于在寒地发展。在吉林公主岭9月上旬果实成熟。

13. 双优 吉林农业大学等单位育成。嫩梢黄绿色，略带浅紫红附加色，绒毛较密。叶片大，全缘至浅3裂，近圆形，叶面平展，稍有皱褶，叶背绒毛稀，叶缘锯齿双侧直，中等锐，叶柄洼拱形，基部为U形。两性花。

果穗长圆锥形，平均穗重132克，最大穗重500克，果穗紧密，无青粒。浆果圆形，平均粒重1.19克，果皮蓝黑色，较薄。果汁紫红色，可溶性固形物含量15.67%，总酸2.23%。出汁率为64.7%。酒色浓艳，果香浓郁，醇厚纯正，典型性强。

植株生长势中等，萌芽率高达 93.6%，萌发新梢全为结果枝，每一结果枝上的平均果穗数为 2～3 个，早期丰产性好且连年丰产。可露地越冬。浆果 9 月上中旬成熟。植株从萌芽至浆果充分成熟 130～150 天。适应性强，抗寒力极强，抗病力中等，不裂果，无日灼。

14. 双红 中国农业科学院特产研究所育成。亲本为通化 3 号×双庆。果穗双歧肩，圆锥形，平均穗重 127 克，平均粒重 0.83 克，青粒少。果汁可溶性固形物含量 15.58%，总酸 1.96%，浆果出汁率 55.7%。酒色呈宝石红，清亮，果香明显、协调，口味舒顺，浓郁爽口，余香长，典型性好。

植株生长势较强，较丰产，抗霜霉病能力强。浆果 9 月上旬成熟。丰产稳产，从萌芽到浆果充分成熟 127～135 天。抗霜霉病能力高于左山二、双庆、双丰和双优，是我国培育的第一个抗霜霉病山葡萄新品种。

三、葡萄品种选择应注意的问题

扩大葡萄种植规模和新发展的葡萄种植户，首先遇到的问题是选择什么品种。正确选择好葡萄品种，是确保葡萄种植成功的第一关。品种选择不合适，将影响今后的市场销路和生产效益。因此，品种选择一定要全面考虑，要慎重。一般选择葡萄品种时应注意以下几个问题：

第一，要充分了解和分析近几年当地及周边地区葡萄市场销售情况，哪些品种的葡萄好销、价格高、群众认可度高，哪些品种的葡萄群众认可度低、不太好销。同时，要充分了解当地和周边地区各品种的种植情况和生产规模。通过了解和分析，选择符合市场需求、商品价值较高，有发展空间的品种。一般讲，在鲜食葡萄品种中，大粒优质、有香味、味甜、色泽鲜艳、无核、耐贮的品种较受消费者欢迎。另外，随着观光旅游农业的发展，品种的选择要考虑适应观光旅游业发展的需要。在早、中、晚品种的选择上，要选择市场较为短缺的熟期品种。总之，要根据市场来选择品种。

第二，要根据当地的土质、气候、生态环境等栽培条件，选择适宜在当地栽培的品种。首先要了解所选品种的特性，看是否适应本地的土壤、气候等栽培条件。有的品种长势旺，有的品种长势较弱；有的品种对土质要求较高，有的要求不是很严格；有的品种在高温高湿条件下抗病性较强，而有的品种就极易发病。总之，在选择品种时一定要了解所选品种的特性。不能在不了解其特性的情况下，盲目引进。其次，一定要充分了解和掌握本地的土壤土质、积温、光照、降雨量分布、灾害性天气的发生规律等栽培条件，从本地的栽培条件出发选择品种。如果本地区在葡萄生长期年降雨量多，而又没有避雨栽培的条件，那么就要选择抗病性强、适宜露地栽培的欧美品种。如果当地气候比较干旱，雨水少，可选择欧亚种。

第三，要根据自身的经济条件和科技条件来选择品种。一些葡萄品种对栽培条件要求较高，需采用设施栽培，一次性投资较大，这就需要有一定的经济基础。有的品种对栽培管理技术要求较高，必须进行精细管理，如果没有一定的栽培管理经验，是很难种好的。因此，经济实力较弱和缺乏种植经验的农户，开始种植葡萄时宜先选择投资少、品质优、易管理的品种，待有一定经济实力和积累一定栽培管理经验后，再选择其他一些高档的葡萄品种种植。

第四，要根据生产葡萄的用途来选择品种。如果生产的葡萄主要是以鲜食为主，那就要选择口感好、果穗果粒外观好、无核脆肉型的品种。如果生产的葡萄以加工生产果汁为主，那就要选择适宜生产果汁的品种，如康可、黑贝蒂、柔丁香等优质制汁品种。如果生产的葡萄用于酿制葡萄酒，那就要选择适合酿酒的葡萄品种。

当前，在葡萄品种选择上要防止两种现象，一是盲目跟风的现象，看到别人种什么品种、自己也跟着种什么品种，不去分析市场、不顾自身的技术条件。二是盲目追求和引进所谓新品种的现象，对一些尚不了解特性和生产性能的品种，不要盲目批量引进种植，可少量引进试种植，在生产实践中观察和了解掌握其特性，然后再决定是否适宜发展种植。

第四章 葡萄对环境条件的要求

一、气候因素

(一) 温度

一个地方的温度状况是进行葡萄优质高效生产和选择葡萄品种时首先要考虑的关键性因素。葡萄原产于温带，喜温暖而不抗寒，葡萄各个种群及品种在生长的各个时候对温度的要求是不同的。

欧洲种葡萄萌芽要求平均温度在 10～12℃，开花、新梢生长和花芽分化期的最适温度为 25～30℃，低于 12℃时新梢不能正常生长，低于 14℃葡萄就不能正常开花。葡萄成熟的最适温度是 28～32℃，在这样的条件下，有利于糖分的积累和有机酸的分解。温度低则果实糖少酸多，低于 16℃时成熟缓慢；温度高则果实糖多酸少，气温高于 40℃时果实会出现枯缩，以至干皱。

美洲种和欧美杂种较抗寒，有时在－4～－3℃的温度下也不发生冻害。欧洲种葡萄在休眠期芽眼可耐－17℃低温，在－19～－18℃则发生冻害；充分成熟的一年生枝可耐－20℃的短期低温，老蔓－26～－20℃时发生冻害，嫩梢在－1℃时即可受冻。

根系抗寒力较弱，欧亚种群的龙眼、玫瑰香、葡萄园皇后等品种的根系在－5～－4℃时发生轻度冻害，－6℃时经 2 天左右被冻死。葡萄品种中，贝达和山葡萄类型品种抗寒性最强，它们的根系可耐－16～－14℃的低温，休眠的枝蔓可抗－40℃的低

温，东北山葡萄的枝蔓甚至可耐－50℃的低温，所以寒冷地区常用山葡萄或贝达作抗寒砧木。

葡萄开花期间如出现低温天气（温度<15℃）时，葡萄就不能正常开花和授粉受精，鲜食葡萄浆果成熟期的适宜温度为28～32℃。大于40℃以上的高温，对葡萄有伤害，叶片发黄、果实易发生日灼等。

冬季－17℃的绝对最低温等温线是我国葡萄冬季埋土防寒与不埋土防寒露地越冬的分界线。我国葡萄冬季覆盖与不覆盖的分界线大致在从山东莱州到济南，到河南新乡，山西晋城、临猗，陕西大荔、泾阳、乾县、宝鸡，甘肃天水，然后南到四川平武、马尔康，云南丽江一线。此线以南地区葡萄不覆盖可以安全越冬；此线以北在冬季绝对低温为－21～－17℃的地区，需要埋土防寒轻度覆盖才能安全越冬；在冬季绝对最低温－21℃线以北的地区栽培葡萄，冬季要埋土防寒严密覆盖，否则将会发生冻害。葡萄物候期和年生长期所需热量常以有效活动积温来表示，葡萄对有效活动积温的要求比较敏感，不同成熟期的品种，从发芽到果实成熟所需有效积温不同（表4-1）。葡萄达到积温指标时，果实成熟良好、色泽艳丽、含糖量高、香味浓郁、品质优良；有效积温不足时，则浆果味酸、皮厚、香味淡、品质下降、成熟延迟。因此，进行葡萄优质高效生产时，各地区必须依据当地有效活动积温总量选择适宜的品种栽培。

表4-1　不同成熟期的品种对有效活动积温的要求

品种	>10℃活动积温（℃）	萌芽成熟所需天数	代表品种
极早熟	2 100～2 300	100～120	早乍娜、莎巴珍珠
早熟	2 300～2 700	120～140	京秀、乍娜、87-1
中熟	2 700～3 200	140～155	巨峰、藤稔、香红
晚熟	3 200～3 500	155～180	秋黑、红地球
极晚熟	>3 500	>180	龙眼、大宝、秋红

（二）光照

葡萄生命活动的主要能源之一是太阳光，有了光照才能进行光合作用，制造有机化合物。葡萄是典型的喜光作物，光的强弱直接影响葡萄器官、组织的分化、生长及发育。葡萄在光照充足的条件下，叶片厚而色浓，植株生长健壮，花芽分化良好，产量高，果实品质好；光照不足的条件下，叶片厚而色浅，植株细弱，花芽分化不良，落花落果严重，产量低，品质差，抗寒能力弱，次年植株生长和结果不良。因此，进行葡萄高效优质生产时，一定要注意夏季枝叶管理，既要注意充分利用太阳直射光，又要利用太阳光照射到地面及其他物体上的反射光。这就要求在进行枝叶管理时，应使树冠叶幕层薄厚、稀疏合理，树冠上下及两侧叶片均能接受到充足光照；有条件的果园在葡萄着色期，可地面铺设反光膜，以促进浆果着色和提高含糖量。过分阴湿和光照不良的地方不宜发展葡萄生产。

国内主要葡萄生长季的日照时数见表 4－2。另外，葡萄不同品种要求的光照强度不一样，欧亚种品种比美洲种品种要求光照条件更高。例如，康拜尔等品种在散射光的条件下能很好着色，而玫瑰香、里扎马特、赤霞珠等品种则要求直射光才能正常上色，制干品种无核白对光照要求更高。

表 4－2　全国主要葡萄产区生长季的日照时数（小时）

（杨庆山，2000）

产区	4月	5月	6月	7月	8月	9月	全年时数	4～9月
北京	260.6	274	264.9	226.3	224.8	231.8	2 735.4	1 482.4
烟台	246.8	281.2	267.6	229.4	230.5	228.9	2 624.5	1 484.4
开封	125.3	172.8	199.4	175.5	169.2	194.9	1 865.4	1 037.1
洛阳	205.7	252	275.5	195.7	198.3	180	2 251.2	1 307.2
武威	238.5	256.1	268.7	263.7	254.9	253.9	2 949.6	1 535.8

（续）

产区	4月	5月	6月	7月	8月	9月	全年时数	4～9月
眉县	164.4	206.5	231.8	224.7	220.9	142.7	2 109.5	1 191
兴城	252.6	276.7	250.2	226.8	237.9	254.7	2 835.2	1 498.9
吐鲁番	264.9	305.1	308.8	319.6	317.5	292.3	3 095.3	1 808.2

（三）水分

水直接参与葡萄有机物的合成和分解，水分是葡萄植株各组织、器官的重要组成成分，一般葡萄浆果含水达80%，叶片含水70%，枝蔓和根含水约50%。葡萄植株的水分主要是从土壤中吸收而来，也有极少由叶片从空气和叶面上吸取。若土壤水分过多时，会使植株徒长、组织脆弱、抗性较差，同时还会引起土壤中缺氧，削弱根系的吸收功能，甚至使根系窒息死亡。如气候干旱，土壤缺水，则会引起枝叶生长量减少，易导致落花落果，影响浆果膨大，品质下降。

在我国年降水量350～1 200毫米的地区均能进行葡萄生产。降水季节分布葡萄生长和果实品质以及产量的影响很大。春季芽眼萌发新梢生长时，若雨量充沛，则利于花序原始体继续分化和新梢生长。葡萄开花期需要晴朗温暖和相对较为干旱的天气，如果天气潮湿或连续阴雨低温，则会阻碍正常开花和授粉、受精，引起子房、幼果脱落。葡萄成熟期雨水过多或阴雨连绵都会引起葡萄糖分降低，病害滋生，果实易烂或裂，对葡萄品质影响尤为严重。葡萄生长后期多雨，新梢成熟不良，越冬时容易受冻。因此，总体上看葡萄最适合在日照充足、土壤疏松、气候干旱而又有灌溉条件的地方栽培。在过于干旱情况下，葡萄枝叶生长缓慢，叶片光合作用效能减弱，呼吸作用加强，也常导致植株生长量不足，果实含糖量降低，酸度增高。因此，进行葡萄优质高效生产时，一定要依据葡萄园的干湿情况适时灌水与排水，使土壤水分保持相对稳定。

（四）土壤

葡萄对土壤要求不太严格，除了重盐碱土、沼泽地、地下水位不足1米、土壤黏重、通气性不良的地主外，在各类土壤上均能进行栽培。但是，葡萄在不同土壤上，其生长势、产量、风味和品质等均有明显的差异。进行葡萄优质高效安全生产时，必须选择地下水位在地表下1～4米，灌排通畅，土壤pH6.5～7.5，土质肥沃、疏松，且重金属含量符合无公害食品生产要求的沙质壤土栽培。

不同葡萄品种对土壤pH要求不同，美洲种和欧美杂种品种要求土壤pH低，美洲葡萄适宜土壤pH5.0～6.0或pH5.5～6.0，而欧洲品种（欧亚种和法美杂种）可以适应较高的土壤pH。欧美杂种品种对土壤pH的适应性介于美洲种和欧亚种之间。

葡萄品种不同，其根系抗盐碱和抗缺铁性黄化的能力也有所不同。一般欧亚种品种较抗盐碱，而欧美杂交种品种抗盐碱性较差，在盐碱地上易发生叶片黄化症状。天津市茶淀乡利用改良后的海边盐碱地，发展玫瑰香葡萄生产已取得良好效果，但总体上，土壤过分潮湿和黏重以及土壤盐碱化程度较重的地方，不宜进行葡萄生产，尤其是葡萄优质高效安全生产。

二、其他

在葡萄栽培中，除了要考虑葡萄对适宜气候条件的要求外，还必须注意避免和防护灾害性的气候，如久旱、洪涝、严重霜冻、大风、冰雹等。这些都可能对葡萄生产造成重大损失。例如，生长季的大风常吹折新梢、刮掉果穗，甚至吹毁葡萄架；冬季的大风吹散沙土、刮去积雪，加深土壤冻结深度；夏季的冰雹则常常破坏枝叶、果穗，严重影响葡萄产量和品质。因此，在建园地时要考虑到某项灾害因素出现的频率和强度，合理选择园地，确定适宜的行向，营造防护林带，并应有其他相应的防护措施。

三、葡萄安全生产对产地环境质量的要求

葡萄的生态环境与浆果的品质关系密切。因此，无公害葡萄生产基地的选择十分重要。建立无公害生产基地应选择在空气清新、水质纯净、无或不受污染源影响或污染物限量控制在允许范围内，具有良好生态环境的农业生产区域，应尽量避开工业区和交通要道。

大气中的污染物主要来源于工矿企业、机动运输工具、工业锅炉、民用炉灶等排入大气的有害物质；农田水污染主要来源于城市生活污水、工业废水、农田排污及固体废弃物。根据中华人民共和国农业行业标准《无公害食品　鲜食葡萄产地环境条件(NY 5087—2002)》的规定，安全生产葡萄园必须选择无工业“三废”污染和生态条件适宜的地方。对产地环境质量的要求如下：

（一）产地环境空气质量

无公害鲜食葡萄产地环境空气质量应符合表 4-3 的规定。

表 4-3　环境空气质量要求

项　目		浓度限值	
		平均	1小时平均
总悬浮颗粒物（标准状态）（毫克/米^3）	≤	0.30	—
二氧化硫（标准状态）（毫克/米^3）	≤	0.15	0.50
二氧化氮（标准状态）（毫克/米^3）	≤	0.12	0.24
氟化物（标准状态）（微克/米^3）	≤	7	20

注：日平均指任何一日的平均浓度；1小时平均指任何一小时的平均浓度。

（二）产地灌溉水质量

无公害鲜食葡萄产地灌溉水质应符合表 4-4 的规定。

表 4-4 灌溉水质量要求

项　　目		浓度限值
pH		5.5～8.5
总汞（毫克/升）	≤	0.001
总镉（毫克/升）	≤	0.005
总砷（毫克/升）	≤	0.1
总铅（毫克/升）	≤	0.1
挥发酚（毫克/升）	≤	1.0
氰化物（以 CN^- 计）（毫克/升）	≤	0.5
石油类（毫克/升）	≤	1.0

（三）产地土壤环境质量

无公害鲜食葡萄产地土壤环境质量应符合表 4-5 的规定。

表 4-5 土壤环境质量要求

项　　目		含量限值		
		pH＜6.5	pH6.5～7.5	pH＞7.5
总镉（毫克/千克）	≤	0.30	0.30	0.60
总汞（毫克/千克）	≤	0.30	0.50	1.0
总砷（毫克/千克）	≤	40	30	25
总铅（毫克/千克）	≤	250	300	350
总铬（毫克/千克）	≤	150	200	250
总铜（毫克/千克）	≤		400	

注：表内所列含量限值适用于阳离子交换量＞5 厘摩尔/千克的土壤，若≤5 厘摩尔/千克，其含量限值为表内数值的半数。

（四）绿色食品产地土壤肥力分级

土壤肥力的分级指标见表4-6。

表4-6　土壤肥力分级参考指标

项　目	级别	旱地	水田	菜地	园地	牧地
有机质（克/千克）	Ⅰ	>15	>25	>30	>20	>20
	Ⅱ	10～15	20～25	20～30	15～20	15～20
	Ⅲ	<10	<20	<20	<15	<15
全氮（克/千克）	Ⅰ	>1.0	>1.2	>1.2	>1.0	—
	Ⅱ	0.8～1.0	1.0～1.2	1.0～1.2	0.8～1.0	—
	Ⅲ	<0.8	<1.0	<1.0	<0.8	—
有效磷（毫克/千克）	Ⅰ	>10	>15	>40	>10	>10
	Ⅱ	5～10	10～15	20～40	5～10	5～10
	Ⅲ	<5	<10	<20	<5	<5
有效钾（毫克/千克）	Ⅰ	>120	>100	>150	>100	—
	Ⅱ	80～120	50～100	100～150	50～100	—
	Ⅲ	<80	<50	<100	<50	—
阳离子交换量（厘摩尔/千克）	Ⅰ	>20	>20	>20	>15	—
	Ⅱ	15～20	15～20	15～20	15～20	—
	Ⅲ	<15	<15	<15	<15	—
质地	Ⅰ	轻壤、中壤	中壤、重壤	轻壤、沙壤	轻壤、沙壤	沙壤至中壤
	Ⅱ	沙壤、重壤	沙壤、轻黏土	中壤、沙土	中壤、沙土	重壤、沙土
	Ⅲ	沙土、黏土	沙土、黏土	黏土	黏土	黏土

土壤肥力的各项指标，Ⅰ级为优良，Ⅱ级为尚可，Ⅲ级为较差，供评价者和生产者在评价和生产时参考。生产者应增施有机肥，使土壤肥力逐年提高。

第五章 葡萄的年生长周期

葡萄是落叶果树，一年中随外界环境条件的变化出现一系列的生理与形态的变化，并呈现一定的生长发育规律性。葡萄这种随气候而变化的生命活动过程称为年生长周期。从总体看，葡萄的年生长周期可分为生长期与休眠期。葡萄在年生长周期中所表现的生长发育的变化规律，通常由器官的动态变化反映出来。这种与季节性气候变化相适应的果树器官动态变化时期称为生物气候学时期，简称物候期。

葡萄的年周期中有两部分生命活动，一项是营养生长，从萌芽、新梢生长、枝条成熟至落叶休眠，完成一个营养周期；另一项是生殖周期，即从花芽分化、开花、坐果、果实生长至果实成

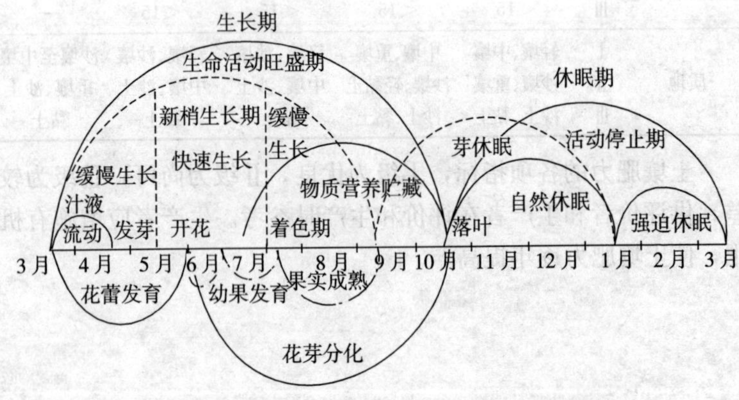

图5-1 葡萄的年生长周期与各生长发育阶段

（胡建芳，2002）

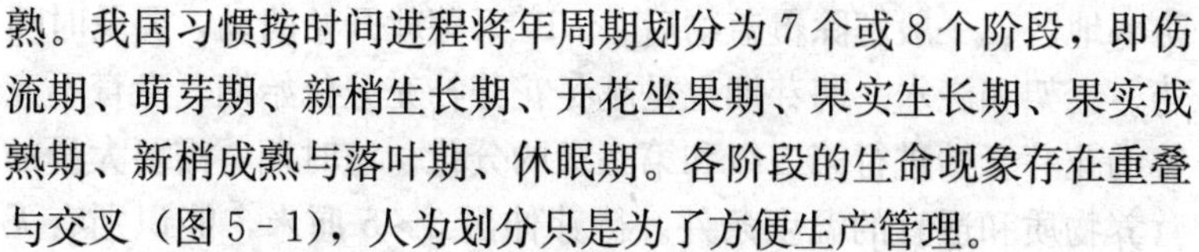

熟。我国习惯按时间进程将年周期划分为 7 个或 8 个阶段，即伤流期、萌芽期、新梢生长期、开花坐果期、果实生长期、果实成熟期、新梢成熟与落叶期、休眠期。各阶段的生命现象存在重叠与交叉（图 5-1），人为划分只是为了方便生产管理。

一、伤流期

伤流期是指从根系在土壤中吸收水分开始到展叶后为止。春天当根系分布土层的地温达 7～10℃时，根系开始从土壤中吸收水分和无机物质。由于葡萄茎部组织疏松导管粗大，树液流动旺盛，这时地上部如有碰伤或新剪口，便引起树液外流，称为伤流。其伤流时间的早晚，因葡萄种类不同而异。一般山葡萄种在地温 4～5℃时根系开始吸收水分；欧美杂种在地温 6～7℃时根系开始吸收水分；欧亚种在地温 7～8℃时根系开始吸收水分。伤流液中含有大量水分和少量营养物质，每升伤流液中含干物质 1～2 克，因此，应尽量避免造成伤流。伤流开始的时间及多少与土壤湿度有关，土壤湿度大，树体伤流多；土壤干燥，树体伤流少或不发生。整个伤流发生期的长短，与当年气候条件有关，一般为几天到半月不等，直到冬芽萌发伤流随即停止。在正常供水情况下，伤流液中营养物质极少，其干物质仅占 0.1%～0.2%，故伤流一般对植株无明显影响，但大量伤流对树体生长发育是不利的。为减少伤流发生，葡萄修剪要在立冬前后进行，小雪前结束，以便于剪口愈合，减少伤流量。

二、萌芽期

从萌芽到开始展叶称为萌芽期。在日平均气温 10℃以上时，根系吸收的营养物质进入芽的生长点，引起细胞分裂，花序原始体继续分化，使芽眼膨大和伸长。萌芽期较短，在北方冬季埋土防寒地区，一般解除覆盖物后7～10天芽就开始萌动，要及时喷药、上架和浇水。萌芽期也是越冬花芽补充分化始期，发育不完善的花芽开始进行第二级和第三级的分化。该时期，需要大量的营养物质和适宜的温度条件。待芽伸出3～5厘米，能识别有无花序时进行抹芽定枝，以保证主芽正常生长。

三、新梢生长期

从萌芽展叶到新梢停止生长称为新梢生长期。萌芽初期生长缓慢。气温平均升高到20℃时，新梢生长迅速，每昼夜生长量可达10～20厘米，即出现新梢第一次生长高峰。以后到开花时为止，新梢生长趋于缓慢。这个时期，所需要的营养物质，主要由茎部和根部贮藏的养分供给。如贮藏的养分不足，则新梢生长细弱，花序原始体分化不良，发育不全，形成带卷须的小花序。因此，营养条件良好，新梢生长健壮，对当年的产量、质量和翌年的花芽分化都起着决定性的作用。要在抹芽的基础上进行定枝，将多余的营养枝和副梢及时剪掉，防止消耗养分，同时要追施复合肥（以氮、钾为主）。

四、开花期

从始花期到终花称为开花期。开花期的早晚、时间长短，与当地气候条件和栽培品种有关。气温高开花就早，花期也短；气温低或阴雨天多，开花迟，花期也随之延长。一般品种花期为7～10天。如果开花期气候干燥，气温在20～27℃，天气晴朗，上午8～10时开花量最多，整个花期可缩短为7天左右。为了提高坐果率，花前或花后均应加强肥水管理。花前2～3天对结果枝及时摘心，控制营养，改善光照条件，并补喷硼肥和人工辅助授粉，对提高坐果率有明显效果。花期持续5～14天，这是决定

葡萄果实产量的重要时期。

开花的先后常因品种和气候条件的不同而有差异，欧美杂种开花期早，欧亚种开花期晚，两者相差7～10天。花期要求的温度在15℃以上，以20～25℃较好。当气温在27～32℃时，花粉萌发率最高，低于15℃花粉不萌发。一天内开花最多的时间，北方地区是在上午6～9时，江南地区在7～11时。花期如遇阴雨则影响授粉、受精，过分干旱也不利于花粉的萌发和受精，均可导致严重落花落果，果穗稀松，产量和品质降低。

五、浆果生长期

从子房开始膨大到浆果着色前称为浆果生长期。该期较长，一般可延续60～100天。其中包括葡萄的浆果生长、种子形成、新梢加粗、花芽分化、副梢生长等时期。早熟品种35～60天，中熟品种60～80天，晚熟品种80天以上。此时期结束时，果粒大小基本长成，种子也基本形成，枝蔓进行加粗生长，有些品种枝蔓基部已开始成熟。

当幼果长至2～4毫米时，一部分因营养不足或授粉不良出现落果现象。幼果含有叶绿素，可进行光合作用，制造养分，能补充果粒营养消耗的1/5左右。当幼果长到4～5毫米时，果顶的气孔转变为皮孔，光合作用停止。盛花后2～3天出现第一次落果高峰。当幼果发育到直径3～4毫米时，常有一部分果实因营养不足停止发育而脱落，此为第二次落果高峰。果实生长到直径约5毫米后，一般不再脱落。此期内，新梢极性生长不断减弱，枝蔓不断增粗。果粒生长期持续的天数，因品种而异。

浆果生长的同时，新梢加粗生长，节间芽贴进行花芽分化。当浆果长到接近品种固有的大小时趋于缓慢生长。此时新梢（含副梢）进入第二次生长高峰，要求对新梢及时引绑和处理副梢，以改善架面光照条件。同时要及时防治病虫害，进行保叶、保果和补肥等项措施，为丰产、丰收创造条件。

六、浆果成熟期

自果粒开始变软着色至完全成熟为止，20～30天。浆果开始成熟时，果皮的叶绿素大量分解，黄绿色品种果皮由绿色变淡，逐渐转为乳黄色；紫红色品种果皮开始积累花青素，由浅变深，呈现本品种固有颜色。随之，浆果软化而有弹性，果皮内的芳香物质也逐渐形成。糖分迅速增加，酸含量相对减少，种子由黄褐色变成深褐色，并有发芽能力，即达到浆果完全成熟期。

进入此期的标志是：黄绿色品种果粒变软，果皮色泽变浅；红色品种果粒变软，果皮开始着色。随着果实的成熟，含酸量迅速降低，含糖量迅速增加，最终达到品种固有的色香味品质。每一品种的果实完全成熟期，在不同年份可能有很大的变动，但各品种成熟期的先后，则保持较大的稳定性。果实成熟期持续的天数，因品种不同而有差异。一般早熟品种20～30天，晚熟品种50～60天。此期雨水过多，会降低果实品质和贮藏性能，反之，过于干旱也不利于各类有效物质的转化，阻碍品质的提高。浆果成熟期光照充足，高温干燥，昼夜温差大，有利于浆果着色，含糖量高；相反，阴雨天多，果实着色不良，糖少酸多，香味不浓。因此，这个阶段要注意排水，疏掉影响光照的枝叶，同时喷施磷、钾肥（如磷酸二氢钾），促进果实迅速着色成熟和枝条充实。

浆果成熟期养分与水的合理供应，对葡萄的产量与品质具有非常重要的意义。为提高品质，应加强根外喷施磷钾肥与糖液提高果实的含糖量，并适当控制水分的供应，停止浇水，以便防止裂果现象发生和降低含糖量。

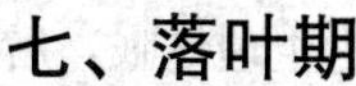

七、落叶期

从浆果成熟至叶片黄化脱落时为止称为落叶期。浆果采收后，叶片光合作用仍在加速进行，将制造的营养物质由消耗转为积累，运往枝蔓和根部贮藏。这时花芽分化也在微弱进行，如树体营养充足使枝蔓充分成熟，花芽分化较好，可以提高越冬抗寒能力和下一年的产量。这个时期仍要加强管理，采取预防早期霜冻措施，延长枝叶养分流动时间，为安全越冬打下良好基础。

日光温室越冬葡萄栽培，果实在5～6月采收，采收以后，因结果蔓上的冬芽，是在短日照条件下发育成的，难以形成花芽，必须立即进行修剪，选留在谷雨节以后发出的新梢，重新培养新的结果母枝。这些新梢的生长发育处在长日照条件下，只要技术措施得当，其冬芽能够分化出优良的花芽。因此，这种栽培方式，其落叶期和新梢发育连在一起，长达150～170天。

日光温室秋延迟葡萄栽培，果实于11～12月采收，落叶期仅10天左右。日光温室超时令与秋延迟葡萄一年二次结果栽培，其第二次果实于11月份采收，其结果蔓上的花芽，已萌发结了二次果，无重新利用的价值。采收后，要立即清除，重新栽植新的葡萄苗木，不存在落叶期。大拱棚早熟葡萄栽培，落叶期范围为100～130天。

八、休眠期

从落叶到翌年树液开始流动为止称为休眠期。随着气温下降，叶变成橙黄色，叶片脱落，此时达到正常生理休眠期。但其生命活动还在微弱地进行着。休眠期分为两个阶段，前期随着枝条成熟，芽眼自上而下进入生理休眠。一般是在气温0～5℃时，经30～45天就可以满足生理休眠要求。以后如气温上升达10℃

以上就随时可以萌发生长。但在北方地区因外界条件不适宜生长，还需要继续休眠，因此，把前期休眠称为生理休眠，后期称为被迫休眠。自然休眠期持续时期的长短，品种间有差别，西欧品种群和黑海品种群有较长的深休眠期，而东方品种群（牛奶、无核白）的休眠期较短。

为了使葡萄安全越冬和翌春有充足营养，在休眠期要施基肥、修剪、灌水和防治病虫害等。冬季防寒地区要做好覆盖塑料薄膜或埋土防寒、防鼠等项工作。

九、葡萄物候期的进一步细分

每个葡萄品种年生长发育的物候期反应都是相对稳定的，在不同栽培地区反应也是一致的，但具体日期不一定相同。

葡萄自新梢开始成熟起，芽眼便自下而上地进入了生理休眠期，叶片正常脱落后，在0～5℃温度条件下约经过一个月，绝大部分品种即可满足其对需冷量的要求，这时，给予适宜的温湿条件，即可以正常萌芽生长。在露地栽培条件下，因受外界自然环境条件的制约，休眠期长短，地区之间差异较大，范围为130～200天。日光温室越冬超时令栽培，为争取时间，应在满足其需冷量后立即结束休眠，及早升温。而秋延迟栽培可以尽量延长休眠时间。

葡萄的物候期按照Eichhorn和Lorenz（1977）以及Lorenz（1994）对葡萄物候期分类观点，又可分为下列阶段，如图5-2和图5-3所示。

（1）休眠期（Winter dormancy）：冬芽的芽鳞为封闭状态。葡萄植株正常落叶后，到来年伤流期开始为休眠期。至此葡萄完成1年的生长周期。

（2）芽眼膨大期（Bud swelling）。

（3）绒球期（Wool doeskin stage）：褐色绒毛清晰可见。

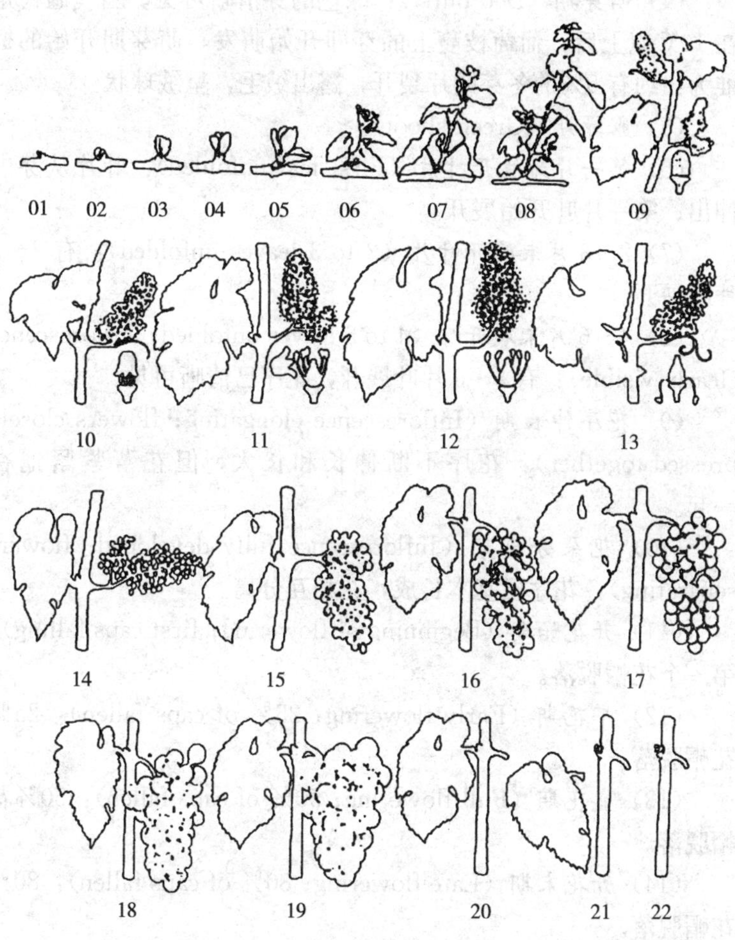

图 5-2 葡萄主要物候期

01. 休眠期 02. 芽眼膨大期 03. 绒球期 04. 萌芽期 05. 展叶期
06. 3～4 叶期 07. 5～6 叶期 08. 花序伸长期 09. 花序（花朵）分离期
10. 见花期 11. 始花期 12. 盛花期 13. 末花期 14. 坐果期（生理落果期）
15. 膨果期 16. 幼果期 17. 封穗期 18. 转色期 19. 成熟期
20. 新梢老熟期 21. 落叶期 22. 休眠期

(4) 萌芽期 (Bud burst)：绿色的芽清晰可见。当气温稳定在10℃以上后，葡萄枝蔓上的芽即开始萌发，萌芽期开始的标准为：约有5%的冬芽鳞片裂开，露出绒毛，呈绒球状。

(5) 露绿期 (Green shoot)。

(6) 第一片为展开叶片 (First leaf unfolded)：叶片从芽内伸出、第一片叶开始展开。

(7) 2～3片未展开叶片 (2 to 3 leaves unfolded)：有2～3片叶展开。

(8) 4～6片未展开叶 (4 to 6 leaves unfolded; inflorescence clearly visible)：有5～6片叶展开，花序已清晰可见。

(9) 花序伸长期 (Inflorescence elongating; flowers closely pressed together)：花序不断伸长和长大，但花蕾紧紧抱在一起。

(10) 花朵分离期 (Inflorescence fully developed; flowers separating)：花序已基本长成，花相互分离。

(11) 开花始期 (Beginning of flowering; first caps falling)：第一个花帽脱落。

(12) 早花期 (Early flowering; 25% of caps fallen)：25%花帽脱落。

(13) 盛花期 (Full flowering; 50% of caps fallen)：50%花帽脱落。

(14) 开花末期 (Late flowering; 80% of caps fallen)：80%花帽脱落。

(15) 坐果期 (Fruit set; young fruits beginning to swell)：幼果开始膨大，花的残留物脱落。

(16) 幼果期 [Berries small; bunches begin to hang (4～6毫米)]：果穗开始挂串。

(17) 大幼果期 [Berries pea-sized; bunches hang (7～10毫米)]：果实豌豆大小，串已形成。

（18）封穗期（Beginning of berry touch）：果粒互相接触在一起。

（19）转色期（Beginning of berry ripening）：果实开始失去绿色，同时开始成熟。

（20）成熟期（Berries ripe for harvest）：果实已经成熟，可以采收。

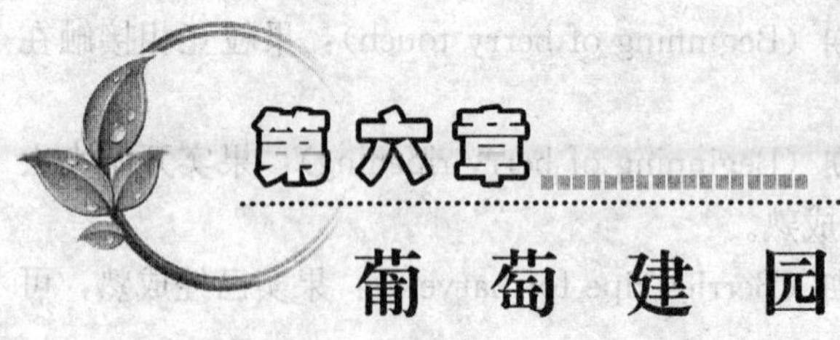

第六章 葡萄建园

一、园地基本情况调查

（一）调查内容

1. 社会经济情况 建园地区及其邻近地区的人口、劳动力数量和技术素质；当地的经济发展水平，居民的收入和消费状况；葡萄贮藏和加工设备及技术水平；能源交通状况；市场的销售供求状况及发展趋势预测等。

2. 葡萄生产情况 当地葡萄栽培的历史和兴衰变迁原因和趋势；现有葡萄的总面积、单位面积产量、总产量；经营规模、产销机制及经济效益；主栽品种生长结果状况及其成熟期搭配比例；管理技术水平等。

3. 气候条件 包括平均温度、最高与最低温度、生长期积温、休眠期的低温量、无霜期、日照时数及百分率、年降水量及主要时期的分布，当地灾害天气出现频率及变化。

4. 地形及土壤条件 调查土壤厚度、土壤质地、土壤结构、酸碱度、有机质含量、主要营养元素含量，地下水位及其变化动态，土壤植被和冲刷状况。

5. 水利条件 主要包括水源，现有灌水、排水设施和利用状况。

调查完毕应写出书面调查报告。

（二）无公害葡萄园地选择

一般来讲，我国适宜鲜食葡萄栽培地区最暖月份的平均温度应在16.6℃以上，年平均温度应在8～18℃，年日照时数在2 000小时以上，无霜期120天以上，年降水量在800毫米以内较为适宜，尤其重要的是在葡萄采前1个月内的降水量不宜超过50毫米。

山地葡萄园光照充足，空气流通，昼夜温差大，葡萄浆果品质好，病虫害轻，但是水土容易流失，受干旱影响较大，因此山地建园要注意保持水土和增施有机肥料，以使葡萄根系有一个良好的生长环境。

滩地葡萄园昼夜温差大，葡萄成熟早、果实品质好，但肥水更易流失，而且通风透光状况较差，后期营养供应不上时植株生长不良，病虫为害严重，因此沙滩地建园必须注意土壤改良和病虫害防治。

平地葡萄园优点是土壤肥沃，水分充足，植株生长旺盛，产量高，但因光照、通风、排水条件不如山地优越，浆果品质和耐贮性相应较差，病虫为害也较为严重。

葡萄忌连作，不能在老葡萄园上重建，若前作是桃园，也不宜新建葡萄园。

葡萄园选在什么位置，自然环境与社会环境的条件如何，采取的种植方式、品种、设施材料等，都直接影响葡萄定植后的产量、质量与经济、社会效益。因此，建园时重点要考虑以下3个方面：

1. 自然环境条件 包括气候和土壤两个条件。气候条件包括光照、降水量、气温及风、雹、霜、寒、水等灾害发生的频率与时间。光照与降水量既要看全年绝对的数字，又要看四季分布的情况，不能一概而论。处在同一个气候区内，山地、丘陵与平原相比，又有着各自的小气候特点。各种气候都有利有弊，通过科学的栽培管理，均能收到扬长避短的作用。

葡萄喜中性或微酸性土壤，需要深、肥、松的土壤条件。虽然 pH5.5～7.8 的土壤均可以生长，但要达到稳产优质的栽培目标，还需在建园及种植以后的管理中，把土壤改良放在一切工作的首位。

土壤中的地下水，也是在建园时要考虑的一个重要因素。一般年平均地下水位深 70～80 厘米时，无碍于葡萄的生长。但南方季节性地下水位升高，对葡萄生长十分有害。因此，平原地区建立葡萄园要考虑采用台田式种植方式，以及采用综合降低地下水位的措施。

除以上气候、土壤条件外，还应注意微观、局部的因素。如葡萄园周围的建筑物高位、有没有有害气体及水质的污染源等。

2. 社会交通条件 包括市场、消费习惯、购买力水平及交通的便捷程度等。市场是导向，市场上的葡萄是早熟品种好卖还是晚熟葡萄好卖；是欧亚种葡萄价高还是欧美杂交种葡萄价高；人们喜欢吃红颜色的葡萄还是喜欢吃绿颜色的葡萄。葡萄优质栽培以后，价位能达到什么程度，包装采用什么形式能受欢迎；葡萄量多了以后能否便捷地运出。这诸多社会、交通方面的因素，对建园时品种的选择、规模大小、效益高低、投资成本都有很大关系。

3. 地理经济条件 在地理位置上处于大、中城市郊区，品种选择主要应以优质鲜食葡萄为主，品种的贮运性状可不作为第一要素考虑。如果是地处边远地区，葡萄采收后要长途运输到城里去卖，那么贮运性状就至关重要。在平原地区，选择品种、栽培模式以及采用的设施材料，还有架式、树形等，与山区、丘陵地不可能完全一样。经营者的经济实力、地方政府对葡萄产业化支持的力度和政策不一样，在建园时的规模大小、投资额度以及大棚选用的类型、材料就不能一样。在地区经济比较落后、经

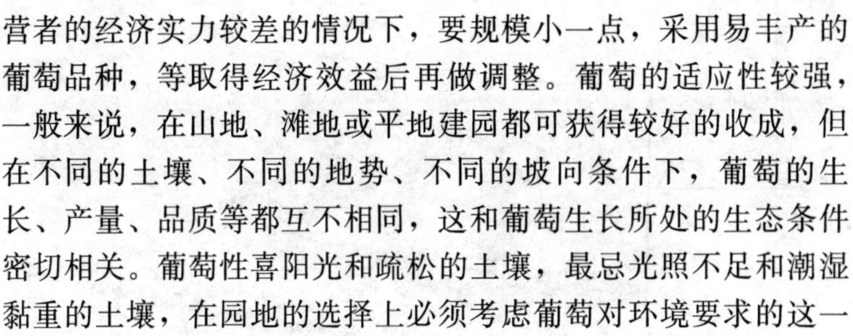

营者的经济实力较差的情况下，要规模小一点，采用易丰产的葡萄品种，等取得经济效益后再做调整。葡萄的适应性较强，一般来说，在山地、滩地或平地建园都可获得较好的收成，但在不同的土壤、不同的地势、不同的坡向条件下，葡萄的生长、产量、品质等都互不相同，这和葡萄生长所处的生态条件密切相关。葡萄性喜阳光和疏松的土壤，最忌光照不足和潮湿黏重的土壤，在园地的选择上必须考虑葡萄对环境要求的这一特点。

（三）测量地形并绘制地形图

地形图上应绘出等高线密度（平地 0.5 米/条，丘陵、山地 1 米/条）、高差和地物以地形图为基础绘制出土地利用现状图、土壤分布图、水利图等供设计规划使用。

二、葡萄园的土地规划

葡萄园规划是建立葡萄园前的总体设计，包括经营规划、园址选择、用地计划、防护林设置、灌排系统和水土保持规划、栽植设计、建设投资预算及效益预测等。对于安全生产，还必须考虑生态工程建设、间作等问题，充分利用各种资源，进行立体化、现代化经营。

（一）防护林的设置

葡萄园的防护林应先于葡萄园建设，其有改善园内小气候，防风、沙、霜、雹的作用。防护林走向应与当地主要害风方向垂直（图 6-1），有时还要设立与主林带相垂直的副林带。主林带由 4～6 行乔灌木构成，副林带有 2～3 行乔灌木构成。一般林带占地面积为果园总面积的 10%左右。

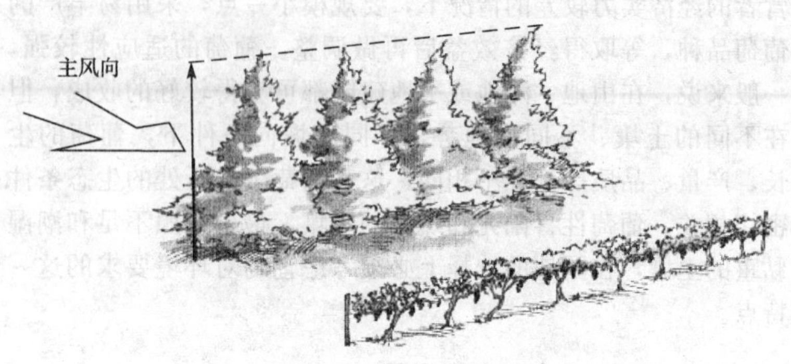

图 6-1　葡萄园防护林
(Rombough，2002)

（二）划分栽植区（作业区）

为利于排灌和机械作业的方便，根据地形坡向和坡度划分为若干栽植区（又称作业区）。划分作业区时，要求同一区内的气候、土壤、品种等保持一致，集中连片，以便于进行有针对性的栽培管理。一般大型葡萄园，条件一致性强。坐落在平地上的葡萄园，每个小区可以考虑为 8～10 公顷，栽植区应为长方形，长边为葡萄园的行向，一般不应超过 100 米。在丘陵坡地，应将条件相似的相邻坡面连成小区。在坡度较小的山坡地（5°～12°），可以沿着等高线挖沟成行栽植，而在坡度较大时（12°～25°），则需要修建水平梯田，梯田面宽 2.5～10 米，并向内呈 2°～3°的倾斜，在内侧有小水沟（深 10～20 厘米），梯田面纵向应略倾斜，以便排灌水。

（三）道路系统

为通行机动车和农机，根据园地总面积的大小和地形地势，决定葡萄园道路的等级。面积小的设一条，面积大的可纵横交叉，把整个园分割成 4、6、8 个大区。主道路应贯穿葡萄园的中

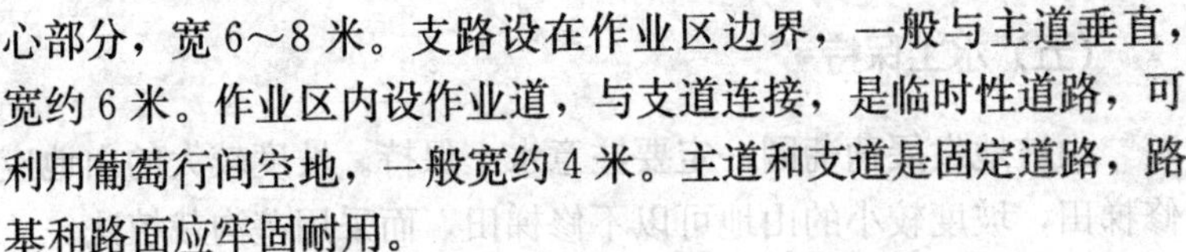

心部分，宽 6～8 米。支路设在作业区边界，一般与主道垂直，宽约 6 米。作业区内设作业道，与支道连接，是临时性道路，可利用葡萄行间空地，一般宽约 4 米。主道和支道是固定道路，路基和路面应牢固耐用。

（四）排灌系统

葡萄园应有良好的水源保证，无天然水源时，宜 5～10 亩规划一口蓄水池。作好总灌渠、支渠和灌水沟三级灌溉系统（面积较小也可设灌渠和灌水沟二级），按 5‰比降设计各级渠道的高程，即总渠高于支渠，支渠高于灌水沟，使水能在渠道中自流灌溉。排水系统也分小排水沟、中排水沟和总排水沟三级，但高程差是由小沟往大沟逐渐降低。排灌渠道应与道路系统密切结合，一般设在道路两侧（图 6-2）。

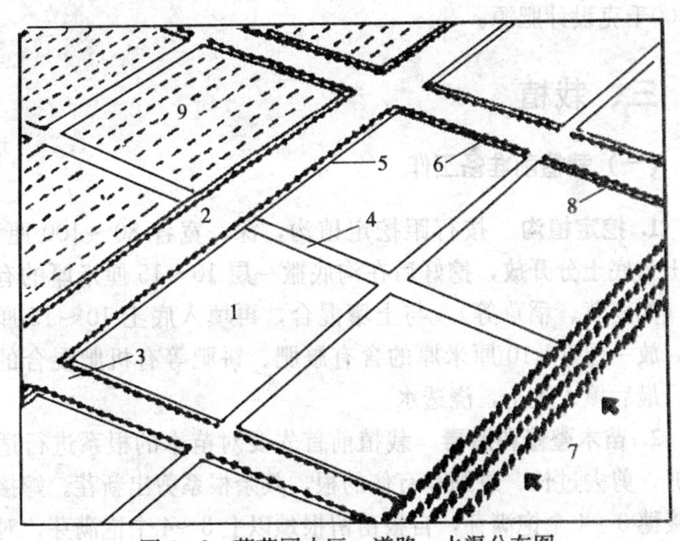

图 6-2　葡萄园小区、道路、水渠分布图

（陈克亮，1993）

1. 小区　2. 主路　3. 支路　4. 小路　5. 主渠
6. 支渠　7. 主林带　8. 副林带　9. 已定植葡萄区

（五）水土保持

山坡地发展葡萄园一定要注意水土保持。坡度较大的山地应修梯田，坡度较小的山地可以不修梯田，而采用垄沟栽植法。

（六）管理用房

包括办公室、库房、生活用房、畜舍等，修建在果园中心或一旁，由主道与外界公路相连。用于观光采摘的葡萄园，还应有供游人休息和娱乐的相关建筑。占地面积一般不超过果园的2%～3%。

（七）肥源

为保证每年有充足的肥料，葡萄园必须有充足肥源。可在园内设绿肥基地，养猪、鸡、牛、羊等积粪肥。按每亩施农家肥5 000千克设计肥源。

三、栽植

（一）栽植前准备工作

1. 挖定植沟 按行距挖定植沟，深、宽各 80～100 厘米，表土与底土分开放，挖好后在沟底撒一层 10～15 厘米厚的有机物（如麦草、稻草等），与土壤混合，再填入底土 10～15 厘米厚，放一层 5～10 厘米厚的含有厩肥、饼肥等有机肥混合的肥土，最后填入表土，浇透水。

2. 苗木整修和消毒 栽植前首先要对苗木的根系进行适当修剪，剪去过长、过细和有伤的根，其余根系剪出新茬。嫁接苗留接穗 3～4 个饱满芽，自根苗留根颈以上 3～4 个饱满芽，对过长的枝根要适当修剪。将整理好的苗木在清水中浸泡 24 小时左右，使苗木充分吸水，提高栽植成活率。用 50 毫克/千克的萘乙酸液或 25 毫克/千克的吲哚丁酸液浸根 8～12 小时。用 5 波美度石硫合剂喷洒苗木以杀菌。

（二）栽植时期

葡萄苗木从落叶后一直到第二年春季萌芽以前，只要气温和土壤状况适宜都可进行栽植。北方各省一般以春季栽植为主，当20厘米深土温稳定在10℃左右时即可栽植。秋季栽植一般在9～10月进行。从晚秋11月下旬到来年清明节前，均可种植葡萄苗。而利用温室、地温加热等方法培育的绿枝苗，可于清明节后至6月中下旬前种植。秋植先发根，春植先发芽，故秋植优于春植，但秋植的缺点是土壤未经过越冬风化，同时为避免冬寒、冬旱，需加强根际培土和定期浇水。

（三）栽植密度

葡萄的株行距因品种特性、架式、品种、当地生态条件和管理技术而异。目前生产上常用的株行距，一般篱架栽培的株行距1米×1.5～2.0米（333～444株/亩，依地区、管理技术调整），棚架栽培的为1.5×4.0米（111株/亩）或1×5米（133株/亩）。在温暖适宜、多雨、肥水条件好的地区，为了改善光照条件，株行距可大些；生长势强的品种株行距可大些，生长势弱的品种株行距可小些。以双十字V形架栽培为例，生长势较弱的品种如矢富罗莎、京亚等，株行距为0.8～1.0米×2.5米；生长势中庸的品种如甬优1号、高妻、藤稔等，株行距为1.2～1.5米×2.5米；生长势较旺的品种如美人指、魏可等，株行距为1.5～2.0米×2.5米。密植时一定要注意选用适当的架式和抗病品种。为获得早期丰产或发挥新品种葡萄果实的市场优势，可采取早期密植后期部分间伐的栽植方式。

（四）栽植技术

秋季栽植宜浅种深埋，在已经深翻过的土地上挖定植沟，按所需行距挖 60 厘米×80 厘米的深沟，表土与心土分开。将苗直立放在穴内，深度以原苗床时的深度为宜，使根系伸展，分布均匀，将心土回填，回填深度不超过 40 厘米，再填入充分腐熟的土杂肥（按 5 米^3/亩计）（图 6-3），表面撒施硫酸钾复合肥（按 400 千克/亩计），深翻混匀，填土至一半时，轻轻提苗，使根系与土壤密接，当填土至地面 10 厘米时，浇 1 次水（使回填土沉降），第二次再填平，踏实浇透水，然后覆土 20 厘米厚，呈馒头状。来年春，把土扒开至根颈部。栽植时，按所需密度拉绳定植，栽植完毕后浇水。

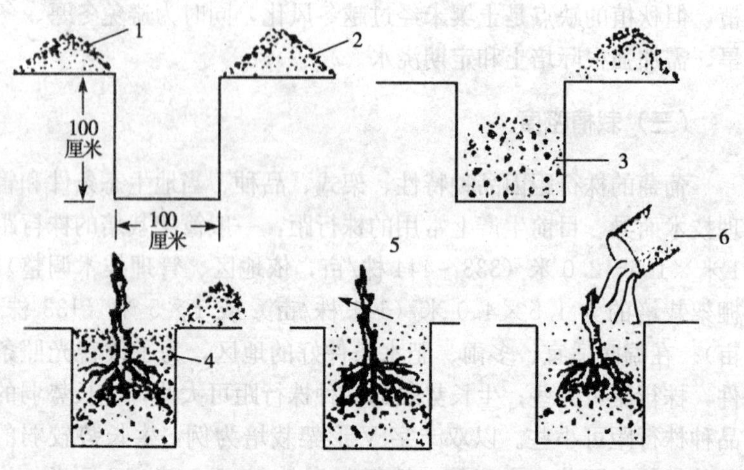

图 6-3 葡萄栽植技术

（杨庆山，2000）

1. 表土 2. 底土 3. 混匀的表土与肥料 4. 填土踏实 5. 定干 6. 浇水

苗木栽植后建议套塑膜袋防金龟子，具体方法：套小方便袋，下口压实，袋上口离开苗木一定距离，顶部打 3～5 个孔透气放风，待芽体长至 2～3 厘米时将塑膜袋摘除。

苗木栽植后，于塑膜袋摘除前搭建网架或篱架。依规划好的株行距在地面打点，立柱埋 50 厘米深，要求高度一致，方向顺直，立柱位于葡萄同一侧，立柱绑缚铁丝一面距苗木距离10厘米左右，第一道铁丝距离地面高度40厘米，共4道铁丝，间隔40厘米，第一年绑缚2道，定植第二年绑缚第3、第4道铁丝。

秋季定植注意埋土防寒。

四、架式

葡萄是多年生的蔓性果树，枝蔓柔软、细长，在经济栽培上必须设立支架，才能保持一定的树形，具有充足的光照和良好的通风条件，生产出优质的果品。葡萄的架式主要为篱架和棚架。

（一）篱架

架面与地面垂直，沿着行向每隔一定距离设立支柱，支柱上拉铁丝，形状类似篱笆，故称为篱架，又称立架。这是目前葡萄生产中应用最广的架式，主要有3种类型。

1. 单壁篱架　即每行设一个架面且与地面垂直。其高度一般为1～2米，架上拉铁丝1～4道，架的大小依品种、树势、整枝方式、生态条件而定。行距1.5米时，架高1.2～1.5米；行距2米时，架高1.5～1.8米；行距3米以上时，架高2.0～2.2米。

一般顺行向每隔4～6米设一立柱，立柱埋入地下50～60厘米，在立柱上横拉铁丝，第一道铁丝离地面60厘米，往上每隔50厘米拉一道铁丝（图6-4）。将枝蔓固定在铁丝上。

单壁篱架有利于通风透光，提高浆果品质，田间管理方便，又可密植，达到早期丰产，适于大型酿造基地园采用，便于机械化耕作、喷药、摘心、采收及培土防寒，节省人力。其缺点是受植株极性生长影响，长势过旺，枝叶密闭，结果部位上移，难以控制；下部果穗距地面较近，易污染和发生病虫害。

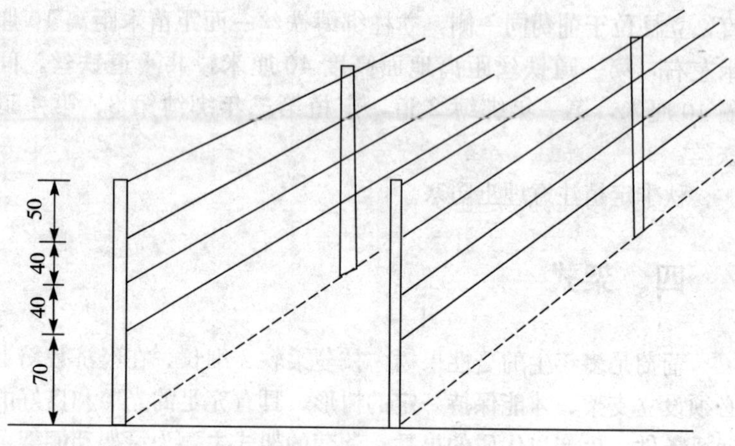

图 6-4 葡萄单壁篱架（单位：厘米）

（严大义，1999）

2. 双壁篱架 架的结构基本上与单篱架相似，即在同一行内设立两排单篱架，葡萄栽在中间，枝蔓分别引缚在两边篱架的铁丝上（图 6-5）。这种架在植株两侧各 40 厘米左右处设立柱，架柱向外倾斜与地面成 75°，其余与单壁篱架相同。双壁篱架单位面积产量比单篱架提高 80%左右，缺点是架材用量较多，修

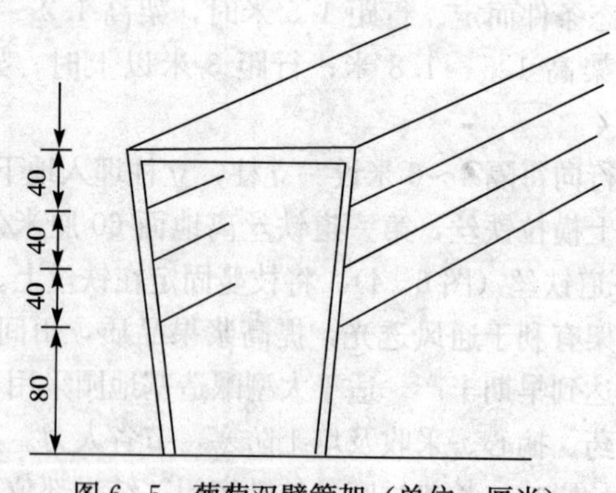

图 6-5 葡萄双臂篱架（单位：厘米）

（严大义，1999）

剪、打药、采收等田间作业不便；枝叶密度较大，光照不良，果实品质不如单壁篱架好，且易感病虫害。目前，双篱架栽培方式逐渐减少。

3. 宽顶篱架　在单篱架支柱的顶部加一根横梁，呈T形，故又称T形架。横梁宽60～100厘米，在横梁两端各拉一道铁丝，在支柱上拉1～2道铁丝。宽顶篱架适合生长势较强、龙干形整枝短梢修剪的品种。龙干引缚在离地面约1.3米的篱架铁丝上，结果母枝长出的新梢，均匀引缚在横梁上的两道铁丝上，自然下垂生长。这种架式的优点是增产潜力大，病虫害较轻，便于管理，节省人力和架材，有利于机械化作业等。在埋土防寒地区采用时，如果主干高而粗大则不易弯倒防寒。这种架式应加以改进，可降低主干高度，并使其有一定角度；主干达到一定粗度时，可有计划地进行更新。

宽顶篱架首先扩大了架面，可提高葡萄产量；其次能充分利用光能和有利于浆果的机械化采收，已成为目前比较流行的架式。

（二）棚架

在垂直的立柱上架设横梁，横梁上拉铁丝，形成一个水平或稍倾斜状的棚面，葡萄枝蔓均匀分布在架面上，故称棚架（图6-

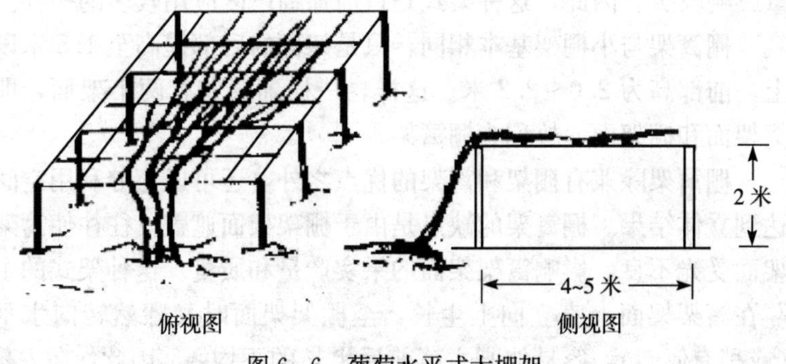

图6-6　葡萄水平式大棚架

（杨庆山，2000）

6)。这种架式在我国应用最多。常见的有3种类型：大棚架、小棚架和棚篱架。

大棚架架面较长，一般在6米以上，且架面倾斜。大棚架一般后部高0.8～1.0米，前部高2.0～2.2米。昌黎凤凰山一带葡萄园全部采用倾斜式大棚架，架长8～15米或更长，葡萄栽在梯田上或零散栽植于树坪中，架下土壤管理集中在植株附近4～10米^{2}的范围内，地上部枝蔓借助于大棚架充分利用山坡地或山间沟谷的广阔空间。这种架式可以多占天少占地，在庭院地形比较复杂的丘陵山坡、沟谷栽植更有明显的优越性。只要栽植穴土壤得到改良，便可栽植葡萄，且枝蔓能很快布满整个空间，能充分发挥生长旺盛品种的增产潜力。平地栽植时，因行距较大不利于早期充分利用土地和早结果、早丰产。架面过长时，若管理不当，容易出现枝蔓前后长势不均衡现象，结果部位前移，后部空虚，先端枝蔓上的果穗营养供应不足而易发生水罐子病（有的称为转色病）。

小棚架的结构与大棚架相似，只是架长不超过6米，一般为4～6米。由于行距缩小，单位面积栽植株增多，与大棚架相比有利于葡萄的早期丰产；对植株管理（包括上架、下架）较为方便，枝蔓前后生长均衡，产量稳定；衰老枝蔓较易更新，且对产量影响较少。因此，这种架式是目前葡萄产区应用较多的一种。

棚篱架与小棚架基本相同，只是架面的后部提高至1.5米以上，前部高为2.0～2.2米。这样，一株葡萄兼有两个架面，即篱架面和棚架面，故称为棚篱架。

棚篱架除兼有棚架和篱架的优点之外，还可以充分利用空间达到立体结果。棚篱架的缺点是由于棚架架面遮盖，往往使篱架架面受光不良，影响篱架架面的果实产量和质量。这种架式的主蔓在篱架架面上直立向上生长，至棚架架面时又骤然转向水平（或稍有倾斜），容易加剧主蔓前后生长的不均衡。因此，在主蔓转向棚架架面时，应有一定的倾斜角度，避免“拐死弯”；同时又要

适当减少棚架架面上的留梢量，使其通风透光，以减轻上述缺点。

五、葡萄修剪

修剪的目的是在整形的基础上调整生长和结果的关系，促进葡萄丰产、稳产。根据修剪时间的不同，葡萄修剪分为冬季修剪和夏季修剪。

（一）冬季修剪

葡萄冬季修剪的目的是调节树体生长和结果的关系，使架面枝蔓分布均匀，通风透光良好，同时防止结果部位外移，以达到树体更新复壮，年年丰产稳产的目的。

1. 修剪时间 在冬季不埋土防寒地区，多于12月至翌年1月中旬进行修剪。冬季修建过早，枝条不能充分老熟，而修剪过晚，剪口不能及时愈合，容易引起伤流。在冬季埋土防寒地区，一般埋土前先进行一次预剪，这次修剪适当多留些枝蔓，待翌年早春葡萄出土上架时，再进行一次补充修剪。

2. 修剪长度 生产上根据剪留芽的多少，将修剪分为短梢修剪（留2～3个芽）、中梢修剪（留4～6个芽）和长梢修剪

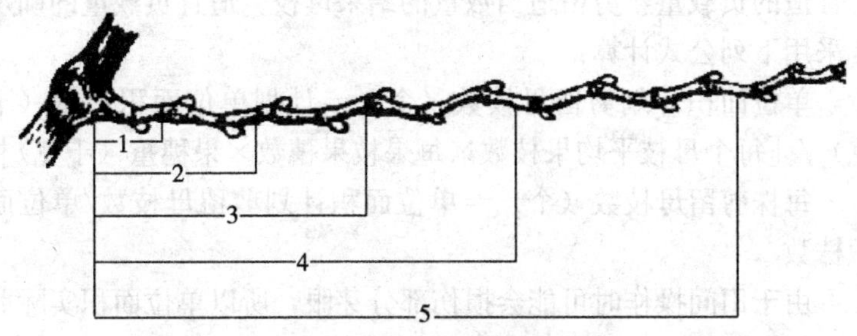

图6-7 葡萄结果母枝的剪留长度

（杨庆山，2000）

1. 极短梢修剪 2. 短梢修剪 3. 中梢修剪 4. 长梢修剪 5. 超长梢修剪

（留8个以上的芽）（图6-7）。一般生长势旺、结果枝率较低、花芽着生部位较高的品种，如龙眼、牛奶等对其结果母枝的修剪多采用长、中梢修剪；而生长势中等、结果枝率较高、花芽着生部位较低的玫瑰香等品种，修剪多采用中、短梢混合修剪。

具体到一株树上来说，用做扩大树冠的延长枝多采用长梢修剪。如果为了充实架面、扩大结果部位，可采用中、短梢混合修剪。为了稳定结果部位，防止结果部位的迅速上升和外移，则采用短梢修剪。近年来为了促进葡萄早成形、早结果，采用第一、二年实行轻剪长留，而到后期则采用及时回缩，长、中、短梢混合修剪的方法。

另外，对于生长发育粗壮的枝蔓，应适当长放；而对生长弱的品种和枝蔓则应短截，以促生强壮枝梢。

3. 剪留量（负载量） 冬季修剪时保留结果母枝的数量多少，对来年葡萄产量、品质和植株的生长发育均有直接的影响。结果母枝留量过少，萌发抽生的结果树数量不够，影响当年产量，结果母枝留量过多，由于萌发出枝量过多，会造成架面郁闭，通风透光不良，甚至导致落花落果和病虫害发生，使产量与品质严重下降。因此，冬季修剪必须根据植株实际生长情况，确定合适的负载量，剪留适当数量的结果母枝。适宜负载量的确定常采用下列公式计算：

单位面积计划剪留母枝数（个）＝计划单位面积产量（千克）/［每个母枝平均果枝数×每果枝果穗数×果穗重（千克）］

每株剪留母枝数（个）＝单位面积计划剪留母枝数/单位面积株数

由于田间操作时可能会损伤部分芽眼，所以单位面积实际剪留的母枝数可以比计算出的留枝数多10%～15%。需要强调的是，在管理良好的条件下，葡萄幼树花芽容易分化，产量容易骤增，所以合理控制负载对保证幼树健壮生长和稳产优质有十分重要的作用。负载量的控制从修剪时就应考虑，而不要仅仅依靠疏枝和疏花序，这样才可有效地调整树体营养分配、节约植株贮藏的营养，促进正常生长结果。

4. 更新修剪　葡萄生长特别旺盛，若任其自由生长，会使枝条下部芽眼发育不良和结果部位迅速上升。为了防止结果部位外移和枝条下部光秃，必须在每年冬季对一年生枝即结果母枝进行更新修剪。

结果母枝更新修剪分为双枝更新和单枝更新两种方法。

双枝更新（图 6-8）就是留预备枝的修剪法，即选择两个相近的枝为一组，上部健壮的枝用中梢修剪法，留做结果母枝，下部枝留 2～3 芽短剪，作为预备枝。留预备枝的目的不是让其结果，而是让其抽生健壮的发育枝，作为来年的结果母枝。待下年冬剪时，把上面已结果的枝条从基部剪掉，而对预备枝上的 2 个枝条，上部作结果母枝的留 4～5 个芽修剪，而下部枝条仍留2～3 芽短截，作为预备枝，以后每年照此进行修剪。

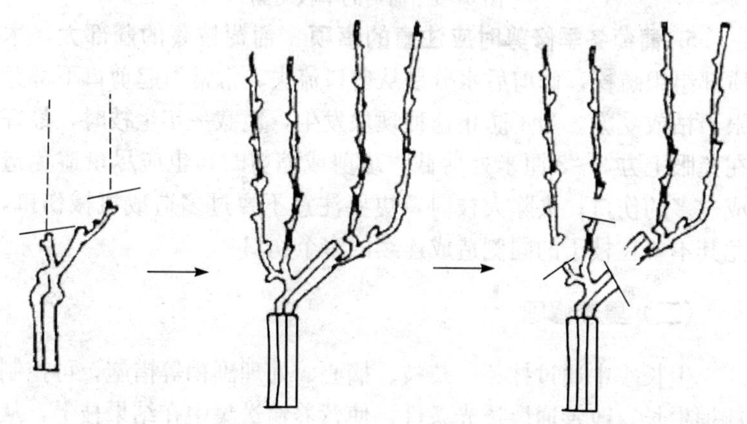

图 6-8　葡萄的双枝更新

单枝更新（图 6-9）就是在一个枝条上同时培养结果枝和预备枝。采用单枝更新修剪时不另留预备枝，仍对结果母枝采用长、中梢修剪，春季萌芽后让结果母枝上部抽生的枝条结果，而将靠近基部抽生的枝条疏去花序培养成预备枝，冬剪时去掉上部已结果的枝条，而将基部发育好的 1～2 个预备枝作为新的结果母枝，以后每年均按此方法剪留结果枝和预备枝。

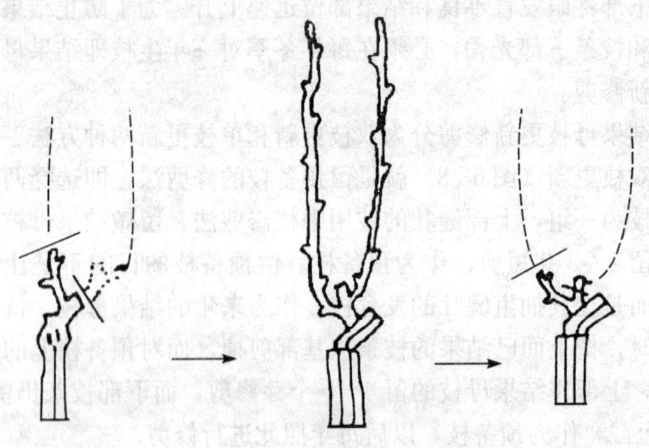

图 6-9　葡萄的单枝更新

5. 葡萄冬季修剪时应注意的事项　葡萄枝蔓的髓部大，木质部组织疏松，修剪后水分易从剪口流失，常常引起剪口下部芽眼干枯或受冻。为了防止这种现象发生，短截一年生枝时，最好在芽眼上方 2～3 厘米处剪截；疏剪或缩剪时，也应尽量避免造成过多的伤口；去除大枝时，更要注意不要过多造成机械伤口，尤其不要在枝干的同侧造成连续的多个伤口。

（二）夏季修剪

生长季中通过抹芽、疏枝、摘心、处理副梢等措施，可控制新梢生长，改善通风透光条件，使营养输送集中在结果枝上，从而提高产量和品质，并促进枝条生长和花芽分化，为翌年丰产打下基础。

1. 抹芽和定梢　抹芽在春季萌芽后进行。在葡萄萌芽时，冬芽中除主芽萌发外，预备芽也同时抽发新梢，从而形成一个芽眼萌生多个枝条，这样不但使营养分散影响主芽的生长，而且常常形成枝梢过密。因此，发芽后要及时进行抹芽。

抹芽时将萌动或已萌动的预备芽抹去，使 1 个芽眼只保留 1 个壮梢，同时也要抹掉枝条上的弱芽和老蔓上萌动的无用隐芽以及主干基部发出的萌蘖。

定梢在新梢长出 10 厘米左右、能看到花序时进行。根据架面情况去掉过多、过密的发育枝、结果枝和弱枝，保留一定数量的健壮结果枝和营养枝。

2. 新梢摘心 结果枝摘心，一般在开花前 5～6 天进行。摘心强度和早晚与品种、树势等有关。凡是落花落果重的品种和植株如巨峰等品种，摘心要早，摘心强度要大，甚至只留 1～2 片叶进行强摘心；而对坐果率高、果穗紧凑的品种如红地球等应在花期或落花后摘心，摘心强度也稍轻。一般结果枝常在花序以上 5～6 片叶处摘心。发育枝摘心在枝条上有 8～10 片叶完全伸展时进行摘心。

3. 副梢处理 副梢是由叶腋夏芽当年萌发抽生的枝条。葡萄副梢抽生量很大，常常浪费营养、扰乱树形。合理处理副梢对维持树形、防止架面郁闭有重要的作用。

结果枝上的副梢，凡在果穗以下的应全部抹去，结果部位以上的留 1～2 个叶片进行摘心；对一次副梢上抽生的二次副梢，除枝条顶端的 2 个保留 1～2 个叶片摘心外，其余的二次副梢一律尽早抹除。

对营养枝上的副梢一般保留 1～2 个叶片进行摘心，以后抽生的二次副梢也只保留 1～2 个新叶反复摘心，以促进新梢生长健壮。

对副梢的处理不能过轻，否则会造成架面枝条郁闭，影响通风透光；但也不能太重，尤其不能采用全部抹除副梢的方法，以防逼发冬芽，严重影响来年产量。

有些葡萄品种如巨峰等副梢形成花芽的能力很强。因此，只要架面允许，都要尽可能保留副梢，并适当长放，摘心促壮，使其成为第二年良好的结果母枝，这在幼树期尤为重要。为了防止副梢反复抽生，近年来多采用“单叶绝后”的副梢摘心法，即在副梢摘心时只留副梢上的一个叶片，而将上部枝条连同副梢叶片叶腋中的芽一同摘去，这样不但不会再次抽生二次副梢，而且保留的副梢叶片也十分健壮。

第七章 土肥水管理

土肥水管理是葡萄安全生产的重要环节。管理不当，会造成葡萄生长不良，同时引发多种病症，最终影响整个果园的经济效益。

一、土壤管理

（一）秋耕（深耕）改土

深耕的时期应根据各地生态条件而定。北方冬季寒冷地区，春天干旱，以在秋季落叶期前后深耕为宜。秋耕可以改善土壤的通气性、透水性，促进好气性微生物的活动，加速土壤有机质的腐熟和分解。秋耕结合施肥可提高地力，为根系生长创造良好条件，促进新根生长，增强树势。秋季深耕，断根对植株的影响比较小，且易恢复，可以结合施基肥进行，可以迅速补充树体一年生长结果对营养物质的消耗，有利于枝条成熟和花芽进一步分化。对消灭越冬害虫和有害微生物，以及肥料的分解都有利。也可以在夏天雨季深耕晒土，可以减少一些土壤水分，有利于枝蔓成熟。

秋耕的范围和深浅，要根据葡萄的树龄、根系分布和土壤黏重程度而定。如篱架行距小，可在行间全面深耕；棚架行距大，或者土壤黏重时，要结合施肥逐年向外深耕。深耕改土的效果一般能维持3年左右。所以，至少隔1～2年进行1次深耕施肥，向外扩展40～50厘米（图7-1）。秋耕位置和深度，结合秋季施肥每年在新根顶端深挖40～50厘米。深耕时挖断少量细根影响不大，而且能在断根处发生大量新根，增加吸收能力。实践证明，深耕施肥后的植株，在2～3年内能使果穗增重，提早成熟，产量有明显提高。

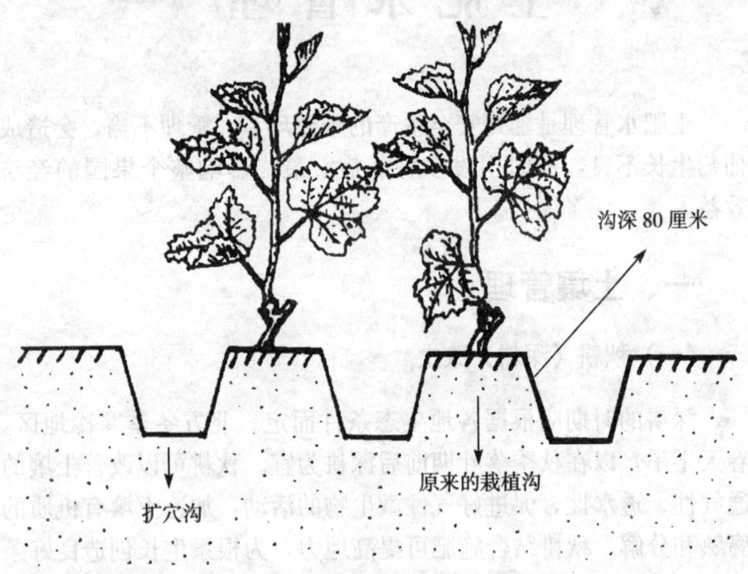

图7-1　葡萄园深耕扩穴
（唐勇，2000）

深耕后造成较大量的断根，一般占植株总根量的6%～10%，这种断根的影响在深耕当年或第二年在新梢的伸长量和单穗重上有所表现。但深耕的目的是改良土壤的物理性质，并使其根系恢复功能，所以不应把少量断根过于放在心上。另外，深耕应靠近根层开始，只对无根的地方进行深耕，效果不会明显，所以深耕前应确认根系分布情况，但应注意尽量少伤害大粗根。

（二）中耕除草

中耕是在葡萄生长期中进行的土壤耕作，其作用是保持土壤疏松，改善通气条件，防止土壤水分蒸发，促进微生物活动，增加有效营养物质和减少病虫害，保持土壤水分和肥力（图 7-2）。中耕除草正值根系活动旺盛季节，为防止伤根，中耕宜浅，一般为 3～4 厘米。在灌水或降雨后应及时中耕松土，防止土壤板结和水分蒸发。全年中耕 6～8 次即可。

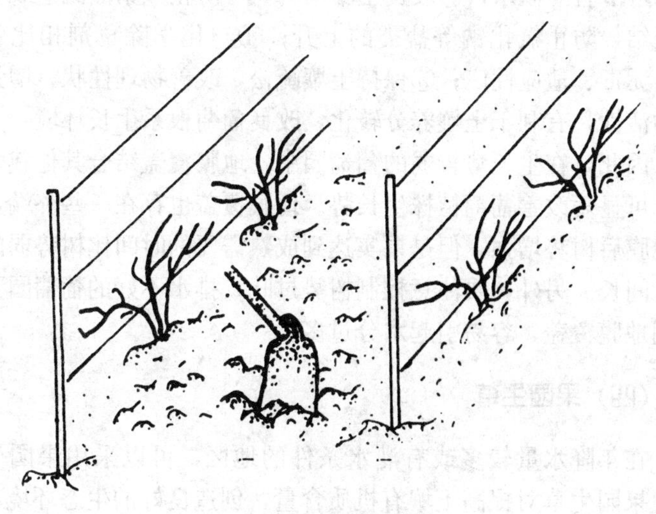

图 7-2 葡萄园中耕
（杨庆山，2000）

生长季节清除葡萄园的杂草是一项重要管理工作，中耕与除草应结合进行。

化学除草和人工除草相结合效果较好。化学除草药剂的种类较多，根据园内杂草种类，选对葡萄根系无影响的药剂。现在应用的主要药剂有茅草枯，它能杀死多种禾本科杂草，对双子叶杂草和葡萄药害较轻。其次是草甘膦，对 1 年生及多年生杂草的地下组织破坏力较强，叶面喷布可导致全株死亡。但不要喷到葡萄植株上，以免受害。此外，还有百草枯、西玛津、扑草净等除草剂，应按使用说明针对杂草种类选用。

（三）地膜覆盖

地膜覆盖是近年来国内外葡萄园土壤管理中的一项新技术，经济效益较明显。地膜覆盖具有下列作用：①透明聚乙烯薄膜可提高地温2～10℃，黑色膜能提高0.5～4.0℃；②保持土壤水分，可节省灌溉水；③改良土壤结构，可防止频繁灌溉造成表土的板结，防止氯化钠等盐类的上升；④与化学除草剂相比效率高、无毒、适应性广；⑤保持土壤疏松，改善物理性状，增强微生物活性，有利于土壤养分转化，改良葡萄根系生长环境。

因此，在生长势较弱的葡萄园中，地膜覆盖结合其他栽培措施，可显著改善葡萄植株生长势。地膜覆盖也存在一些弊端，覆盖地膜后树势增强，但是果实达到成熟需要的时间比树势弱的植株时间长。另外，要注意控制树势过旺；排水不好的葡萄园不要使用地膜覆盖，容易引起水分过多。

（四）果园生草

在年降水量较多或有灌水条件的地区，可以采用果园生草法。果园生草对提高土壤有机质含量，创造良好的生态环境，改善果实品质，增加果品产量，有不可低估的作用。

1. 果园生草的作用

（1）坡地种草可减少水土流失。坡地果园在降雨时会产生地表径流，种草以后，可截留地表水，防止冲刷，保持水土，从而避免因土壤流失而造成的土壤贫瘠。

（2）避免土壤板结。果园生草后，水分沿草根系下渗到土壤深层，同时因草覆盖地表，蒸发量减少，可保持土壤长期潮湿，从而减少浇水次数，并且保持土壤通气性良好。

（3）增加土壤有机质含量，改善土壤结构。生草果园在1～2年内，土壤有机质增加不明显，而从第三年开始，土壤有机质含量显著提高，这对增加产量和改善果实品质都有重要作用。

（4）减少病虫为害。果园生草、草叶片覆盖地面后，可阻止因降雨溅起的泥水珠污染叶片、果穗，从而减少白腐病、霜霉病等依靠风雨传播的病菌侵染机会，故减轻病害的发生，减少用药次数。

（5）调节生态环境，改善果园小气候。生草的果园，在夏秋季，园内温度低于未生草园 3～5℃，这样可避免果实、叶片因高温引起的日灼。

2. 果园草种的选择 种植行间绿肥，要选用耐干旱、耐践踏的豆科植物，因其根部有根瘤菌，可起到固氮作用。同时要求植株生长迅速，需肥需水量少，并与葡萄没有相同的病虫害和需肥时期，常用的有绿豆、三叶草及黑麦草。尤其是三叶草，产草量高，草层高度适中（一般为 30 厘米），耐阴性强，并且可喂家畜，是理想的生草品种。

3. 播种时期与方法

（1）播种时期。因春季北方地区较干旱，温度高，因而春季播种易失败，而夏秋季节雨量较大，气温凉爽，草种易发芽生根，所以夏秋（6～8 月份）是播种绿肥的最佳季节。

（2）用种量。三叶草每亩用 0.75～1.00 千克，绿豆每亩用 3～5 千克（只作绿化肥用）。

（3）方法。播种前，先把行间杂草彻底清除，然后行间种草，并保持株间清耕。在葡萄定植两侧留足作业带和葡萄生长营养带，一般以 1.0～1.5 米为宜。播前深锄或深耕行间，并将地耧平整好，将三叶草和细沙按 1∶20 的比例拌匀，在行间撒匀，并使种子与土壤密接。播种深度以 0.5～1.0 厘米为宜，不可过深，否则不易出苗。

播种绿豆时，先在行间浅耕，使土壤疏松后再在行间播，撒匀后再浅翻一遍，使豆种深度保持在 2～3 厘米为宜。

（4）播后管理。三叶草在播后 3～5 天即可出土，出苗后，及时拔除其他杂草。若逢降雨，每亩则追施尿素 3～5 千克，促使幼苗快长。一般初夏播种，初秋可割一次草；秋季播种，当年不割草，从第二年开始，以后每年割2茬，可连续割5～7年。把割下的草覆盖在葡萄栽植沟内，使其腐烂分解后作为肥源。

二、肥料管理

葡萄生长每年从土壤中吸取大量的营养物质，而这些营养物质大部分是靠外界补给的，管理者每年以施肥的形式为葡萄生长提供营养。但葡萄对于土壤中营养物质的量也有要求，营养物质过多过少都会破坏葡萄的正常生长，因此在施肥的同时对量的把握非常重要。同时葡萄在不同生长期所需的营养物质又有不同，因此不同生长时期施肥的种类也有所不同。

（一）葡萄需肥特点

1. 需肥量大 葡萄生长旺盛，结果量大，因此对土壤养分的需求也明显较多，研究表明，在一个生长季中，当每公顷葡萄园生产20吨葡萄时（约相当于亩产1 350千克），每年从土壤中吸收的养分为氮170千克、磷60千克、钾220千克、镁60千克、硫30千克。

葡萄是多年生深根性植物，对肥料的吸收并不是仅在10厘米左右施肥处，葡萄生长旺盛，结果量大，因此对土壤养分的需求也明显较多。在其生长发育过程中，从空间吸取大量的碳、氧等，同时也需要从土壤中吸收大量元素和微量元素。

2. 需钾量大 葡萄也称钾质果树，在其生长发育过程中对钾的需求和吸收显著超过其他各种果树，在一般生产条件下，其对氮、磷、钾需求的比例为1∶0.5∶1.2，若为了提高产量和增进品质，对磷、钾肥的需求比例还会增大，生产上必须重视葡萄这一需肥特点，始终保持钾的充分供应。除钾元素外，葡萄对

钙、铁、锌、锰等元素的需求也明显高于其他果树。

3. 需肥种类的阶段性变化 在一年之中，随着葡萄植株生长发育阶段的不同，从春季葡萄萌芽开始展叶至开花前后，对氮肥需求量最大；从新梢开始生长至果实成熟均吸收磷，浆果膨大期吸收量最多；葡萄在整个生长期都吸收钾，属喜钾浆果。一般成年丰产葡萄园每生产1 000千克葡萄果实需要氮肥3.8～7.8千克、磷肥2～7千克、钾肥4.0～8.9千克。吸收氮磷钾的比例约为1∶0.6∶1.2。在浆果生长之前，对氮、磷、钾的需要量较大，果实膨大至采收期植株对氮、磷、钾的吸收达到高峰。此阶段供肥不足时会对葡萄的产量影响很大。尤其是开花、授粉、坐果、果实膨大期，对磷、钾元素需求量比较大。另外葡萄对硼肥的需求量也较多。

（1）氮。氮是葡萄生长发育中最基本的营养元素，也是葡萄所有器官不可缺少的元素，氮素适量供应时，葡萄植株健壮，花器正常，优质丰产。不过葡萄与其他作物相比，对氮肥的需求量并不大，相反，氮素施用过多，不仅影响鲜食品质，而且对深加工产品如葡萄干、葡萄汁及葡萄酒的品质不利；另外在葡萄植株生长晚期，氮素过高，不利于枝条成熟，在北方冬季严寒地区无法安全越冬。

①新栽园氮素管理。新栽葡萄园氮素的利用吸收量占整个生育期的1/2，葡萄在新种植后，需要大量氮素供应植株生长，培养健壮树势，不仅利于花芽分化，还可安全越冬。

②成年葡萄园。葡萄园中土壤一般供应氮素的量是每亩2.2～7.5千克，不同架式内的园土中氮素的供应量不同。如果园内采用生草法，则需要每亩18千克氮素。

③氮肥施用时间。葡萄对氮素的需要量一般是在葡萄萌芽期和果实发育初期。如果是用在酿酒品种上，为了得到高品质葡萄酒，仅在发芽前施用氮肥；鲜食品种氮肥施用量一般是发芽前和花后各占全年氮肥施用量的1/2。

葡萄生长后期（8月或9月后）或雨季，可在园中采用生草法，消耗葡萄园内土壤中过多的水分和氮肥，延缓生长势，促进果实成熟和枝条充实，提高葡萄品质。

④叶面施肥。叶面施肥是利用葡萄叶片也能吸收营养元素的特性，采用喷雾法将一定浓度的液体肥料喷到树冠上，由叶片或果实吸收营养的方法。叶面施肥是土壤施肥的补充，其吸收速率快，效率高，是植株缺肥时快速补充肥料的方法。

葡萄安全生产中，一般氮肥叶面喷施可用0.3%～0.5%尿素喷施，可在生长季节施用3次，每次间隔期为10～14天。如果喷施硝酸钙，喷施浓度可稍微高些，为0.6%～0.8%。由于叶背较叶面气孔多，且表皮层下具有疏松的海绵组织，细胞间隙大而多，利于渗透和吸收，因此叶背较叶面吸收快，可以在喷施时喷在叶背。

（2）磷。磷是核蛋白、磷脂、核酸的主要成分，葡萄花序、种子等各器官中含有磷元素。磷在光合、呼吸和营养运输中具有重要作用。不过与其他元素相比，葡萄对磷元素的需要量要少些。在酸性土壤中磷元素不易被吸收，需要补充肥料。

葡萄对磷的需求一般通过土壤施肥获得，一般不采用叶面施肥。

（3）钾。葡萄也称钾质果树，在其生长发育过程中对钾的需求和吸收显著超过其他各种果树，在一般生产条件下，其对氮、磷、钾需求的比例为1∶0.5∶1.2，若为了提高产量和增进品质，对磷、钾肥的需求比例还会增大，生产上必须重视葡萄这一需肥特点，始终保持钾的充分供应。土壤肥力中等的果园，每亩施钾肥含K_2O量为9千克；贫瘠土壤中，每亩施钾肥含K_2O量为15千克，如果是在含氯离子浓度高或偏盐碱的果园，要减少氯化钾肥料的使用，如果必须施用，则应及早施入，以便通过灌水或降雨将氯离子淋洗。

新栽园和成年果园施肥量：由于葡萄对钾肥的需要量大，因此在建园前土壤改良时要施入足够的钾肥，土质不同，施肥量也不同。

钾肥的持效期长，一般葡萄钾元素的补充以土壤施入为主，同时亦可叶面喷施，一般施用浓度为0.3%～0.6%的硫酸钾或者硝酸钾溶液。采用叶面施肥时最适温度为18～25℃，避免在高温时进行，以免气温高，溶液很快浓缩，既影响吸收，又易发生药害。

（4）钙。钙是细胞壁和细胞间层的组成部分，能促进蛋白质和碳水化合物的合成，对根生长和吸收功能起积极作用。酸性土壤中钙易被中和，往往易缺钙，需经常施石灰和草木灰给予矫正。钙过多，土壤易呈偏碱性反应，造成土壤板结。

土壤施肥可用硫酸钙，叶面施肥常用的钙肥主要有硝酸钙和氯化钙。

（二）葡萄安全生产施肥技术

绿色食品生产使用的肥料必须：一是保护和促进使用对象的生长及其品质的提高；二是不造成使用对象产生和积累有害物质，不影响人体健康；三是对生态环境无不良影响。规定农家肥是绿色食品的主要养分来源。

生产绿色食品允许使用的肥料有7大类26种。在AA级绿色食品生产中除可使用Cu、Fe、Mn、Zn、B、Mo等微量元素及硫酸钾、煅烧磷酸盐外，不使用其他化学合成肥料，完全与国际接轨。A级绿色食品生产中则允许限量地使用部分化学合成肥料（但仍禁止使用硝态氮肥），以对环境和作物（营养、味道、品质和植物抗性）不产生不良后果的方法使用。

1. 安全施肥基本原则

（1）施肥以有机肥为主，配合使用生物肥，重视使用磷肥和钾肥。

（2）减少氮素化肥，生长期间不用尿素等氮素化肥，防止肥料分解形成亚硝酸盐等有害物质。

（3）根据葡萄的施肥规律进行平衡施肥或配方施肥。使用的商品肥料应是在农业行政主管部门登记使用或免于登记的肥料。

2. 肥料种类

（1）允许使用的肥料。

①有机肥。有机肥主要来源于植物或动物（包括人），施于土壤以提供植物营养为其主要功能的含碳物料。经生物物质、动植物废弃物、植物残体加工而来，消除了其中的有毒有害物质，富含大量有益物质，包括多种有机酸、肽类以及氮、磷、钾在内的丰富的营养元素，不仅能为农作物提供全面营养，而且肥效长，可增加和更新土壤有机质，促进微生物繁殖，改善土壤的理化性质和生物活性，是绿色食品生产的主要养分。应用较多的有机肥主要有厩肥、鸡粪、人粪尿、堆肥、沤肥、饼肥、绿肥、作物秸秆等。这些肥料通过腐熟发酵，施用于葡萄园中，能够为果园土壤提供有机质和所需的矿质元素。

厩肥：也称为圈肥、栏肥，是指以家畜粪尿为主，混以各种垫圈材料积制而成的肥料。厩肥的原料和腐熟程度决定厩肥的性质相施用，腐熟程度较差的厩肥可作基肥，不宜作种肥、追肥；完全腐熟的厩肥基本是速效的，可用作种肥、追肥；半腐熟的厩肥深施用于沙壤土，腐熟好的厩肥宜施于潮质土壤上。据《农业化学》资料，各种家畜圈肥养分含量如表 7-1 所示。

表 7-1　常用的几种厩肥营养物质百分含量

种类	有机质	氮 (N)	磷 (P_2O_5)	钾 (K_2O)	钙 (CaO)	镁 (MgO)	硫 (SO_3)
猪厩肥	25.0	0.45	0.19	0.60	0.08	0.08	0.08
牛厩肥	20.3	0.34	0.16	0.40	0.31	0.11	0.06
马厩肥	25.4	0.58	0.28	0.53	0.21	0.14	0.01
羊厩肥	31.8	0.83	0.23	0.67	0.33	0.28	—

鸡粪：鸡粪是一种比较优质的有机肥，其含纯氮、磷（P_2O_5）、钾（K_2O）约为1.63%、1.54%、0.085%。鸡粪在施用前必须经过充分的腐熟，将存在鸡粪中的寄生虫及其卵，以及传染性的一些病菌通过在腐熟（沤制）的过程得到灭活。由于鸡粪在腐熟的过程中产生高温，容易造成氮素损失。因此，在腐熟前要适量加水，以及加入5%的过磷酸钙，肥效会更好。腐熟的方法可将鸡粪投入粪池泡沤，也可以进行表面封土堆沤。鸡粪经充分腐熟后成为种植作物的优质基肥，或在种植果树中常作为冬季施下全年利用的基肥。

人粪尿：人粪尿的养分含量见表7-2。人粪尿在腐熟过程中应该遮阴加盖，并不与草木灰、石灰等碱性物质混合，以防止氨的损失。也常掺土堆积而成土粪。人粪尿的肥效较快，可作追肥与基肥。

表7-2　人粪尿的养分含量

养分种类	鲜人粪	鲜人尿	鲜人粪尿
全氮（%）	1.16	0.53	0.64
全磷（%）	0.26	0.04	0.11
全钾（%）	0.30	0.14	0.19
粗有机物（%）	15.20	1.22	4.80
钙（%）	0.30	0.10	0.25
镁（%）	0.13	0.03	0.07
铜（毫克/千克）	13.41	0.20	4.99
锌（毫克/千克）	66.95	4.27	21.24
铁（毫克/千克）	489.10	30.43	298.48
锰（毫克/千克）	72.01	2.89	46.05
硼（毫克/千克）	0.90	0.44	0.70
钼（毫克/千克）	0.69	0.08	0.33

堆肥：堆肥是一种有机肥料，所含营养物质比较丰富，且肥效长而稳定，同时有利于促进土壤固粒结构的形成，能增加土壤保水、保温、透气、保肥的能力，而且与化肥混合使用又可弥补化肥所含养分单一，长期单一使用化肥使土壤板结，保水、保肥性能减退的缺陷。堆肥是利用各种植物残体（作物秸秆、杂草、树叶、泥炭、垃圾以及其他废弃物等）为主要原料，混合人畜粪尿经堆制腐解而成的有机肥料。堆肥的性质与厩肥相近、属热性肥科。堆肥养分齐全，碳氮比大，肥效持久，一般用作基肥。由于它的堆制材料、堆制原理，和其肥分的组成及性质和厩肥相类似，所以又称人工厩肥。不同原料积制的堆肥养分含量见表7-3。

表7-3　几种堆肥的养分含量

养分种类	鲜玉米秸堆肥	鲜麦秸堆肥	鲜水稻秸堆肥	鲜野生植物堆肥
全氮（%）	0.48	0.18	0.46	0.63
全磷（%）	0.10	0.04	0.08	0.14
全钾（%）	0.28	0.16	0.43	0.45
粗有机物（%）	25.32	10.85	16.38	16.55
钙（%）	0.65	0.37	0.50	2.51
镁（%）	0.18	0.06	0.10	0.26
铜（毫克/千克）	11.88	3.37	3.42	26.51
锌（毫克/千克）	13.66	39.59	24.39	24.39
铁（毫克/千克）	1 730.64	3 514.14	2 634.42	16 667.86
锰（毫克/千克）	25.45	243.67	440.13	655.22
硼（毫克/千克）	2.40	5.20	12.44	13.22
钼（毫克/千克）	0.06	5.20	0.30	0.34

沤肥：作物茎秆、绿肥、杂草等植物性物质与河泥、塘泥及人粪尿同置于积水坑中，经微生物发酵而成的有机肥料。由于沤肥在氙气条件下进行，养分不易挥发，形成的速效养分多被泥土吸附而不易流失，肥效长而稳，一般作基肥施入果园。其原料来源广，数量大；养分全，含量低；肥效迟而长，须经微生物分解转化后才能为植物所吸收，改土培肥效果好。

饼肥：饼肥是油料的种子经榨油后剩下的残渣，这些残渣可直接作肥料施用，是传统的优质农家肥料，因其肥效好、产量少而价格较高，一般多用于经济价值较高的作物。饼肥的种类很多，其中主要的有豆饼、菜子饼、麻子饼、棉子饼、花生饼、桐子饼、茶子饼等。饼肥的养分含量，因原料的不同，榨油的方法不同，各种养分的含量也不同。一般含水10%～13%，有机质75%～86%，它是含氮量比较多的有机肥料，可作基肥和追肥。几种主要饼肥的养分含量见表7-4。

表7-4　几种饼肥的养分含量

养分种类	大豆饼	花生饼	油菜子饼	芝麻饼	向日葵子饼	棉子饼
全氮（%）	6.68	6.92	5.25	5.08	4.76	4.29
全磷（%）	0.44	0.55	0.80	0.73	0.48	0.54
全钾（%）	1.19	0.96	1.04	0.56	1.32	0.76
粗有机物（%）	67.7	73.4	73.8	87.1	92.4	83.6
铜（毫克/千克）	16.0	14.9	8.39	26.5	25.5	14.6
锌（毫克/千克）	84.9	64.3	86.7	130.0	145.0	65.6
铁（毫克/千克）	400.0	392.0	621.0	822.0	892.0	229.0
锰（毫克/千克）	73.7	39.5	72.5	58.0	113.0	29.8
硼（毫克/千克）	28.0	25.4	14.6	14.1	—	9.8
钼（毫克/千克）	0.68	0.68	0.65	0.07	—	0.38

绿肥：用各种杂草或人工种植的绿肥作物的残体掺土和其他肥料发酵而成，含有大量的氮磷钾肥，可作基肥施用，是良好的改土肥料，特别是过于黏重的土壤，长施绿肥可以改良其物理性状，与人粪尿等混施效果更好，是丘陵缺肥地区的好肥源。

草木灰：一般含钾 11%～36%，含磷 2.5%～6.4%，堆放时不要和尿水混合，防止中和失效。草木灰是农村中很好的钾肥源，可作追肥和基肥，有助于满足葡萄对钾的吸收。

②微生物肥料。微生物肥料是指应用于农业生产中，能够获得特定肥料效应的含有特定微生物活体的制品，这种效应不仅包括了土壤、环境及植物营养元素的供应，还包括了其所产生的代谢产物对植物的有益作用。微生物肥料是以微生物的生命活动及其产物来改善作物营养条件，促进作物吸收营养，刺激作物生长发育，增强作物抗病抗逆能力，提高作物产量，改善农产品品质；改良土壤，提高土壤肥力，减少环境污染；节约能源，降低生产成本。因为一般微生物肥料不含化学物质，所以其对环境基本没有污染，是生产无公害农产品最理想的肥料。主要包括以下几类：

微生物复合肥：微生物复合肥料是指含有解磷、解钾、固氮微生物或其他经过鉴定的两种以上互不拮抗微生物，通过其生命活动能增加作物营养供应量的微生物制品。它以固氮类细菌、活化钾细菌、活化磷细菌三类有益细菌共生体系为主，互不拮抗，既能改善作物营养，增强土壤生物活性，又能促生、抗逆、抗病，提高土壤营养供应水平，做到了各菌种间相互促进，有机、无机与微生物相互促进，因而肥效持久，增产效果好，是生产无公害绿色食品的理想肥源。复合的方式有两种或两种以上微生物的复合，也可以是微生物与有机肥料、大量营养元素或微量元素的复合。

固氮菌肥：固氮菌肥料是指含有有益的固氮菌、能在土壤和多种作物根际中固定空气中的氮气，供应作物氮素营养，又能分泌激素刺激作物生长的活体制品。按形态不同，分为液体固氮菌肥料、固体固氮菌肥料和冻干固氮菌肥料（表 7-5）。

表 7-5　固氮菌肥技术指标

项　　目	液体固氮菌肥	固体固氮菌肥	冻干固氮菌肥
外观、气味	乳白或淡褐色液体，浑浊，稍有沉淀，无异臭味	黑褐色或褐色粉状，湿润、松散，无异臭味	乳白色结晶，无味
水分(%)	—	25.0～35.0	3.0
pH	5.5～7.0	6.0～7.5	6.0～7.5
细度，过孔径 0.18 毫米标准筛的筛余物(%) ≤	5.0	20.0	—
有效活菌数（个/毫升、个/克、个/瓶）≥	5.0×10^8	1.0×10^8	5.0×10^8
杂菌率(%) ≤	5.0	15.0	2.0
有效期(月) ≥	3	6	12

根瘤菌肥：能增加土壤中氮素营养。

磷细菌肥：磷细菌肥料是指能把土壤中难溶性的磷转化为作物能利用的有效磷素营养，又能分泌激素刺激作物生长的活体微生物制品。按菌种及肥料的作用特性，可将磷细菌肥料分为有机磷细菌肥料和无机磷细菌肥料。有机磷细菌肥料是能在土壤中分解有机态磷化物（卵磷脂、核酸、植素等）的有益微生物经发酵制成的滋生物肥料。无机磷细菌肥料能把土壤中难溶性的、不能被作物直接吸收利用的无机态磷化物溶解转化为作物可以吸收利用的有效态磷化物。按剂型不同分为：液体磷细菌肥料、固体粉状磷细菌肥料和颗粒状磷细菌肥料（表 7-6、表 7-7 和表 7-8）。

表 7-6 液体磷细菌肥料技术指标

项目		指标
外观、气味		浅黄或灰白色混浊液体，稍有沉淀，微臭或无臭味
水分（%）		25～50
有效活菌数（亿个/毫升）	有机磷细菌肥料	≥2.0
	无机磷细菌肥料	≥1.5
pH		4.5～8.0
杂菌率（%）		≤5
有效期（月）		≥6

表 7-7 固体（粉状）磷细菌肥料技术指标

项目	指标
外观、气味	粉末状、松散、湿润、无霉菌块，无霉味，微臭
水分（%）	25～50
有机磷细菌肥料	≥1.5
无机磷细菌肥料	≥1.0
细度（粒径）	过孔径 0.20 毫米标准筛的筛余物≤10%
pH	6.0～7.5
杂菌率（%）	≤10
有效期（月）	≥6

表 7-8 固体（颗粒）磷细菌肥料技术指标

项目	指标
外观、气味	松散、黑色活灰色颗粒，微臭
水分（%）	≤10
有机磷细菌肥料	≥0.5

（续）

项　目	指　标
无机磷细菌肥料	≥0.5
细度（粒径）	全部通过 2.5～4.5 毫米孔径的标准筛
pH	6.0～7.5
杂菌率（%）	≤20
有效期（月）	≥6

硅酸盐菌肥：硅酸盐细菌肥料是指能在土壤中通过其生命活动，增加植物营养元素的供应量，刺激作物生长，抑制有害微生物活动，有一定增产效果的微生物制品。硅酸盐细菌在生长繁殖过程中产生有机酸类物质，能将土壤中钾长石矿中的难溶性钾溶解出来供作物吸收利用，还兼有分解土壤中难溶性磷及其他矿质养分的作用，并产生一些刺激作物生长的物质。

表 7-9　硅酸盐细菌肥料标准

项　目	液　体	固　体	颗　粒
外观、气味	无异臭味	黑褐色或褐色粉状，湿润、松散，无异臭味	黑色或褐色颗粒
水分，%	—	25.0～50.0	≤10.0
pH	6.5～8.5	6.5～8.5	6.5～8.5
细度，过孔径 0.18 毫米标准筛的筛余物（%）≤	—	20	—
细度，过孔径 2.5～5.0 毫米标准筛的筛余物（%）≤	—	—	10
有效期内有效活菌数（10^8 个/毫升、10^8 个/克）≥	5.0	1.2	15.0
杂菌率（%）≤	5.0	15.0	2.0
有效期（月）≥	3	6	12

③化肥。化肥是化学肥料的简称。化肥具有成分单一，有效成分含量高，易溶于水，分解快，易被根系吸收等特点，也称为“速效性肥料”。只含有一种可标明含量的营养元素的化肥称为单元肥料，如氮肥、磷肥、钾肥以及次要常量元素肥料和微量元素肥料。含有氮、磷、钾3种营养元素中的2种或3种且可标明其含量的化肥，称为复合肥料或混合肥料。化肥的有效组分在水中的溶解度通常是度量化肥有效性的标准。化肥中还有一个专业术语称为品位，品位是化肥质量的主要指标，它是指化肥产品中有效营养元素或其氧化物的含量百分率，如N、P_2O_5、K_2O、CaO、MgO、S、B、Cu、Fe、Mn、Mo、Zn的百分含量。

一般常用的化肥种类有碳酸氢铵、尿素、硫酸铵、钙镁磷肥、钾肥及复合肥等。这些肥料各有各的特点。

碳酸氢铵：简称碳铵，含氮17%左右，白色结晶状，有强烈的氨臭味，易吸湿，易溶于水，水溶液呈碱性，碳铵在常温常压下比较稳定，但在高温高湿条件下，易分解成氨气，尤其是碳铵含水量高时分解挥发加快，导致氮大量损失。

国家标准规定的农用碳酸氢铵的技术指标见表7-10。

表7-10　农业用碳酸氢铵的技术指标

项　目	指　标			
	湿法碳酸氢铵			干法碳酸氢铵
	优等品	一等品	合格品	
氮含量（N,%）	17.2	17.1	16.8	17.5
水分（H_2O,%）	3.0	3.5	5.0	0.5

尿素：含氮46%左右，是固体氮肥中含氮最多的一种，因其含氮量高、物理性状好、无副成分而成为施用量最高的氮肥品种。由于尿素是一种有机态氮肥，施入土壤后不能直接被作物吸收利用，只有在土壤微生物的作用下，分解转化为碳酸氢铵后，方能被作物吸收利用，尿素在土壤中的转化速度与温度、水分、

土壤质地有关，一般春秋季节，1周左右分解达到高峰，夏季3天左右，因此尿素作追肥时，应考虑在作物需肥时期提前几天。肥效比硫酸铵稍慢，但肥效长。尿素呈中性反应，适于各种土壤。若用于根外施肥，浓度以0.1%～0.3%为宜。国家标准规定的农业用尿素技术指标见表7-11。

表7-11　农用尿素技术指标

项　目	指　标		
	优等品	一等品	合格品
颜色	白色或浅色，颗粒或结晶状		
总氮（N）含量（以干基计）≥	46.3	46.3	46.0
缩二脲含量≤	3.0	3.5	5.0
水分（H_2O,%）≤	0.5	0.5	1.0
粒度（Φ0.85～2.80毫米）≥	90	90	90

硫酸铵：含氮20%～21%，为白色结晶，易溶于水，水溶液呈酸性。吸湿性小，不易结块，化学性质稳定，常温下不易分解。每千克硫酸铵相当于60～100千克人粪尿，易溶于水，肥效快，一般肥效期在10～20天，呈弱酸性，多用于追肥。国家标准规定的农业用硫酸铵质量技术指标见表7-12。

表7-12　硫酸铵技术指标

项　目	指　标		
	优等品	一等品	合格品
外观	白色结晶，无可见机械杂质	无可见机械杂质	
氮（N）含量（以干基计）≥	21.0	21.0	20.5
水分（H_2O,%）≤	0.2	0.3	1.0
游离酸（H_2SO_4）含量（%）≤	0.03	0.05	0.20

钙镁磷肥：含磷14%～18%，微碱性，肥效较慢，肥效期长。若与秸秆、厩肥等制作堆肥，在发酵过程中能产生有机酸而

增加肥效，宜作基肥。适于酸性或微酸性土壤，并能补充土壤中钙、镁的不足。

硫酸钾：含钾 48%～52%，主要作基肥，也可用于追肥，宜挖沟深施，靠近发根层收效快。用作根外施肥时，浓度不超过 0.1%。呈中性反应，不易吸湿结块，一般土壤均可施用。葡萄是喜钾果树，施用硫酸钾效果很好。

复合肥：是指含有氮、磷、钾 3 种养分中 2 种或 2 种以上养分的肥料，其中含有 2 种营养元素的称二元复混肥料，含有 3 种营养元素的称三元素复混肥解。一般都含有氮磷钾，还有些含有其他微量元素。用于基肥和追肥均可。应用复合肥在生产中省去了不少工序，目前在果树中应用较多。

④叶面肥。葡萄叶面追肥中不得含有化学合成的生长调节剂，以铜、铁、锰、锌、硼、钼等微量元素及有益元素配成的肥料，其成分和性质见表 7-13。另外也可使用天然有机物提取液或接种有益菌类的发酵液，再配加一些腐殖酸、藻酸、氨基酸、维生素等配成的肥料。

表 7-13　常用微肥的成分、含量和主要性质

肥料名称	主要成分	含量（%）	主要性质
硫酸锌	$ZnSO_4 \cdot 7H_2O$	Zn 21～24	无色结晶，易溶于水
硫酸锰	$MnSO_4 \cdot 7H_2O$	Mn 26～28	白色或淡黄色晶体，易溶于水
硫酸铜	$CuSO_4 \cdot 7H_2O$	Cu 24～25	蓝色晶体，易溶于水
硼砂	$Na_2B_4O_7.10H_2O$	B 11	白色结晶或粉末，易溶于 40℃热水
硼酸	H_3BO_3	B 17	白色结晶或粉末，易溶于水
钼酸铵	$(NH_4)_2Mo_2O_7 \cdot 4H_2O$	Mo 50～54	无色或黄色晶体，易溶于水

（2）限制施用的肥料。限量使用氮肥。控制氮素化肥的施用量，有机氮和无机氮之比约 1∶1，如施优质厩肥 1 000 千克，加尿素 10 千克。化肥也可与有机肥、微生物复合肥混合施用，秸

秆还田允许用少量氮素化肥调节碳氮比。硝态氮肥禁止施用；劣质磷肥中含有害金属和三氯乙醛，会造成土壤污染，也不可施用。所有使用的商品肥料必须是按照国家法规规定，受国家肥料部门管理，并经过检验审批合格的肥料种类。

（3）*禁止施用的肥料*。主要有不符合相应标准的肥料，未办理登记手续的肥料（免于登记的产品除外），未经无害化处理的有机肥料、含有激素、重金属超标的对果树品质和土壤环境有害的肥料，如城市工业或生活垃圾、污泥、工业废渣、医院的粪便垃圾等。

3. 施用技术

（1）*施肥时间和方法*。

①基肥。基肥是葡萄园施肥中最重要的一环，基肥在秋天施入，从葡萄采收后到土壤封冻前均可进行。但生产实践表明，秋施基肥愈早愈好。基肥通常用腐熟的有机肥（厩肥、堆肥等）在葡萄采收后立即施入，并加入一些速效性化肥，如硝酸铵、尿素和过磷酸钙、硫酸钾等。基肥对恢复树势、促进根系吸收和花芽分化有良好的作用。

施基肥的方法有全园撒施和沟施两种，棚架葡萄多采用撒施，施后再用铁锹或犁将肥料翻埋。撒施肥料常常引起葡萄根系上浮，应尽量改撒施为沟施或穴施。篱架葡萄常采用沟施。方法是在距植株50厘米处开沟，宽40厘米、深50厘米，每株施腐熟有机肥25～50千克、过磷酸钙250克、尿素150克。一层肥料一层土依次将沟填满。为了减轻施肥的工作量，也可以采用隔行开沟施肥的方法，即第一年在第一、三、五……行挖沟施肥，第二年在第二、四、六……行挖沟施肥，轮番沟施，使全园土壤都得到深耕和改良。

基肥施用量占全年总施肥量的50%～60%。一般丰产稳产葡萄园每亩施土杂肥5 000千克（折合氮12.5～15.0千克、磷10.0～12.5千克、钾10～15千克，氮、磷、钾的比例为1：

0.5∶1.2)。群众总结为“一千克果五千克肥”。

②追肥。在葡萄生长季节施用，一般丰产园每年需追肥2～3次。

第一次追肥在早春芽开始膨大时进行。这时花芽正继续分化，新梢即将开始旺盛生长，需要大量氮素养分，宜施用腐熟的人粪尿混掺硝酸铵或尿素，施用量占全年用肥量的10%～15%。

第二次追肥在谢花后幼果膨大初期进行，以氮肥为主，结合施磷、钾肥。这次追肥不但能促进幼果膨大，而且有利于花芽分化。这一阶段是葡萄生长的旺盛期，也是决定第二年产量的关键时期，也称“水肥临界期”，必须抓好葡萄园的水肥管理，这一时期追肥以施腐熟的人粪尿或尿素、草木灰等速效肥为主，施肥量占全年施肥总量的20%～30%。

第三次施肥在果实着色初期进行，以磷、钾肥为主，施肥量占全年用肥量的10%左右。

追肥施用方法：可以结合灌水或雨天直接施入植株根部的土壤中。另外，也可进行根外追施，即把无机肥对水溶液喷到植株上，以便叶片吸收。根外追肥也可结合防治病虫喷药时一起喷洒，以节省劳力。

现代化的葡萄施肥，主要依靠对叶片内矿质元素的分析进行判断和决定，当葡萄叶内某元素成分低于适量范围的下限时就应该适当进行补充该种元素。

③根外追肥。根外追肥是采用液体肥料叶面喷施的方法迅速供给葡萄生长所需的营养，目前在葡萄园管理上应用十分广泛，葡萄生长不同时期对营养需求的种类也有所不同，一般在新梢生长期喷0.2%～0.3%的尿素或0.3%～0.4%的硝酸铵溶液，促进新梢生长；在开花前及盛花期喷0.1%～0.3%硼砂溶液能提高坐果率，在浆果成熟前喷2～3次0.5%～1.0%的磷酸二氢钾或1%～3%过磷酸钙溶液或3%的草木灰浸出液，可以显著的提高产量、增进品质。在树体呈现缺铁或缺锌症状时，还可喷施

0.3%硫酸亚铁或0.3%硫酸锌，但在使用硫酸盐根外追施时要注意加入等浓度的石灰，以防药害，近年来，为了提高鲜食葡萄的耐贮藏性，在采收前1个月内可连续根外喷施2次1%的硝酸钙或1.5%的醋酸钙溶液，能显著提高葡萄的耐贮运性能。

应该强调的是，根外追肥只是补充葡萄植株营养的一种方法，但根外追肥代替不了基肥和追肥。要保证葡萄的健壮生长，必须常年抓好施肥工作，尤其是基肥万万不可忽视。

（2）*施肥方式*。施肥方式有很多种（图7-3），生产中应根据不同实际情况，选择适宜的施肥方式。

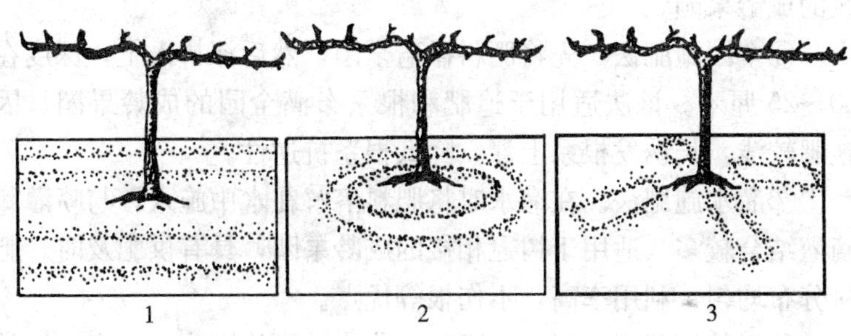

图7-3　葡萄施肥方法

1. 行间沟状施肥法　2. 环状沟施法　3. 放射沟施法

①环状沟施法。在树冠垂直投影外20～30厘米处，以树干为圆心，挖一条40～50厘米宽、40～60厘米深的环状沟，底部填施有机肥和少量表土，上面撒些化肥，然后覆土。追肥时沟深20厘米，该法具有操作简便、经济用肥等优点，适用于幼龄树，但挖沟时容易切断水平根，且施肥范围小，易使根系上浮，而分布于表层土。

②放射沟施法。在距树干1米处，以树干为中心，向树干外围等距离挖4～8条放射状直沟，沟宽40～50厘米，深20～40厘米，沟长与树冠平齐，将肥料施于沟中覆土。由于葡萄栽培特

点，这种施肥方式在葡萄生产中应用不多。

③行间沟状施肥法。适用于密植葡萄园，沿果树行间挖20～30厘米宽、30厘米深的条状沟，沟长与树行相同，将肥料施于沟中。此法适用于宽行密植的果园，便于机械化操作。

④穴施法。在距树干1米处的树冠下，每隔50厘米左右均匀的挖深40～50厘米深，上口径40～50厘米，底部直径5～10厘米的锥形坑，浇水施肥均在坑中进行。该法多用于保水保肥能力差的果园。

⑤打眼施肥法。在树冠下用土钻等工具打眼，将肥料施入眼内，并灌水，让肥料慢慢深入根部。该法适用于密植果园和干旱区的成龄果园。

⑥全园施肥法。先将肥料撒遍全园，然后深耕入土，深度在20～25厘米。该法适用于追肥和根系布满全园的成龄果园。因施肥较浅，长诱发根系上浮，降低根系抗逆性。

⑦灌水施肥法。在灌水时将肥料溶解在水中施入，与喷灌和滴灌结合较多。适用于树冠相接的成龄果园，具有供肥及时，肥料分布均匀，利用率高，不伤根等优点。

⑧根外施肥法。根外施肥法又称为叶面施肥法，生产上经常采用的一种施肥方法。将肥料溶解在水中，配成一定浓度的肥液，用喷雾器等工具喷洒在叶面上，通过叶片的组织被树体吸收利用。该法一般用于果树根外追肥。对于树冠相接的成年树和密植果园更为适合。

⑨注射施肥法。俗称打针施肥法，在树干基部钻3个深孔，用高压注射机将肥液注入树体，该法常用于矫治果树缺素症。

（3）施肥量的确定。葡萄全年施肥量的计算方法有以下几种：

①根据生长量确定施肥量。按葡萄树体每年的生物生长量和土壤的供肥量以及肥料的利用率来确定当年的施肥量。这种方法涉及不确定因素较多，如葡萄的生物生长量，包括地上部的生长

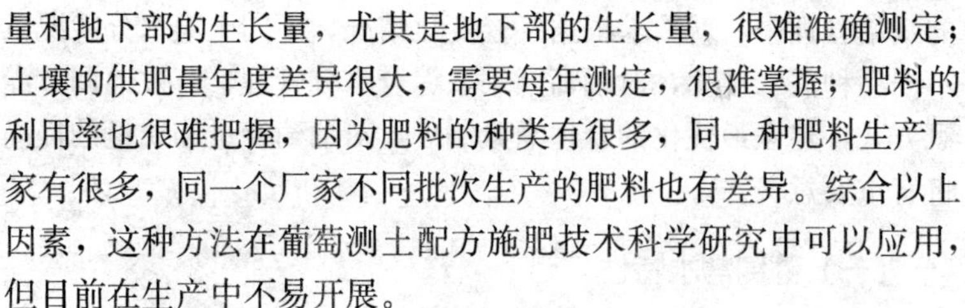

量和地下部的生长量，尤其是地下部的生长量，很难准确测定；土壤的供肥量年度差异很大，需要每年测定，很难掌握；肥料的利用率也很难把握，因为肥料的种类有很多，同一种肥料生产厂家有很多，同一个厂家不同批次生产的肥料也有差异。综合以上因素，这种方法在葡萄测土配方施肥技术科学研究中可以应用，但目前在生产中不易开展。

②根据果实产量确定施肥量。我国各地丰产园的技术资料显示，我国葡萄园每生产 100 千克葡萄果实需要从土壤中吸收 0.5～1.5 千克 N、0.4～1.5 千克 P_2O_5、0.25～1.25 千克 K_2O，其比例为 2∶1∶2.4。近年来通过叶分析方法来确定和调整施肥量，这也是果园科学施肥的必然趋势。

③依据果汁重量确定施肥量。德国资料报道，每生产 100 千克葡萄汁，需肥量为 N 198～230 克，P_2O_5 71～86 克，K_2O 314～343 克。

④根据经验确定施肥量。根据山东、河北、辽宁等地果农的生产经验，在有机肥料施用量充足的情况下，氮、磷、钾等大量元素化肥的施用量为每 100 千克有机肥料掺入过磷酸钙 1～3 千克，随秋施基肥施入果园。其他速效化肥每 100 千克葡萄追施 1～3 千克。有机肥料质量好的可控制在 1～2 千克，质量差的控制在 2～3 千克。

三、水分管理

水是葡萄生存的重要因子，其树体内的一切正常生命活动只有在含有一定量水分的条件下才能进行。葡萄植株一方面不断地从土壤中吸取水分，以保持其正常含水量；另一方面，它的叶片又不可避免地以蒸腾作用的方式散失水分，构成土壤—植株—大气连续体系的动态平衡。土壤中的水分状况由于受到各种因素的影响，往往不能与葡萄生长发育需水规律相适应。因此，在葡萄的栽培管理中，就要求根据气候变化情况，不同土壤水分状况及不同品种需水规律，对葡萄园采取综合水分管理，有效地调节灌溉方式，建立最优化的合理灌溉制度，对葡萄产量和质量的提高将有重要意义。

（一）葡萄需水特性

同其他作物相比，葡萄树由于其强大的根系，耐旱性要强得多，但亦需要稳定、适量的从土壤中获取水分，以获得最佳经济产量。葡萄在不同的季节和不同生育阶段对水分的需求有很大差别。葡萄对水分需求最多的时期是在生长初期，快开花时需水量减小，开花期间需水量少，以后又逐渐增多，在浆果成熟初期又达到高峰，以后又降低。葡萄浆果需水临界期是第一生长峰的后半期和第二生长峰的前半期，而浆果成熟前1个月的停长期对水分不敏感。

（二）灌水

正确的灌水时期要根据作物需水规律进行灌水。一般在葡萄生长前期，要求水分供应充足，有利于生长与结果；生长后期要控制水分，保证及时停止生长，使葡萄适时进入休眠期，以顺利越冬。一般在以下几个主要的时期进行灌水。

1. 萌芽期　此时对土壤含水量要求较高。这次灌水可促进植株萌芽整齐，有利于新梢早期迅速生长，增大叶面积，加强光合作用，使开花和坐果正常。在北方干旱地区，此期灌水更为重要，最适宜的田间持水量为75%～85%。

2. 幼果膨大期　此期为葡萄需水的临界期。新梢生长最旺盛。应结合追肥，促进幼果迅速生长，减少生理落果。如水分不足，则叶片夺去幼果的水分，使幼果皱缩而脱落，如干旱严重时，叶片还将从根组织内部夺取水分，影响根的吸收作用正常进行，地上部分生长明显减弱，产量显著下降。

3. 浆果转色前 从浆果进入生长期至果穗着色，天旱时要适量灌水。但葡萄浆果成熟前应该严格控制灌水，一般鲜食品种应在采收前15～20天停止灌水，酿酒品种应当在采收前期20～30天停止灌水，以保证浆果糖分积累，提高质量，同时促进枝条成熟。若成熟期遇大雨或灌水过多，易发生裂果现象，应注意及时排水。

4. 采果后 采果后结合深耕施肥适当灌水，有利于根系吸收和恢复树势，并增强后期光合作用。

5. 封冻水 在北方各省，必须在土壤结冻前灌1次透水，灌水量要渗至根群集中分布层以下，才能保证葡萄安全越冬，并可以防止早春干旱，对下年生长结果有重要作用。

（三）排水

葡萄园土壤积水过多，根系呼吸受阻，对生长结果影响很大，因此，在多雨季节和低洼地区的葡萄园做好夏、秋季果园排水十分重要。目前，葡萄园排水多采用挖沟排水法，即在葡萄园规划修建由支沟、干沟、总排水沟贯通构成的排水网络，并经常保持沟内通畅，一遇积水则能尽快排出葡萄园。

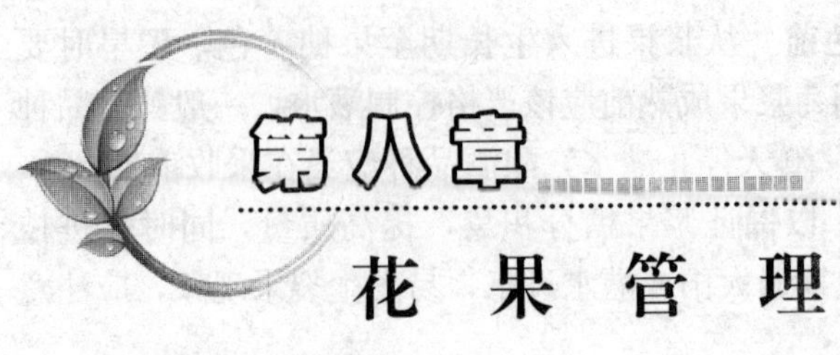

第八章 花果管理

一、产量估计

不同葡萄品种果实合理负载量是不同的，管理期间对果园单位面积负载量的科学估计是花果管理是否科学的基础。正确估计果园产量对于整个果园科学生产具有指导意义。在花序形成时就要对果园产量进行估计，以便更为科学地进行花果管理。

国外葡萄生产中，果园产量估计常用果园现有结果枝数、每枝现有果穗数以及每穗重量3个参数来估算果园产量。

每亩产量=结果枝数/亩×果穗数量/枝×果穗平均重量

结果枝数的统计需要每年进行统计，因为结果枝在上一年生长过程中遇到病虫害、冻害等不良环境，影响当年的结果能力，所以结果枝数每年要进行统计，而且要将生长健壮的结果枝和生长不良的结果枝分开统计。规模较小的果园要完全统计，规模较大的随机抽样统计。每个结果枝的果穗数量一般采取抽样统计的方法，但一般品种平均每个结果枝留1～2个果穗，多余的果穗在疏花疏果时要去除掉。果穗平均重量是根据往年果穗成熟时测量的平均数据。

目前我国葡萄生产中也用这种方法估计果园产量。以巨峰为例，假如每亩结果母枝数留1 900个，每果枝平均果穗数1个，每果穗平均重量0.5千克，每亩产量即为1 900千克。考虑到植株生长情况和病虫为害，再定出一个10%左右的幅度损耗，每亩产量即为 1 710 千克。将估计的产量结合生产中采用的架式与科学的产量进行对比，从而有目标地进行花果管理。

二、产量控制

葡萄品种间花果特性各有不同，按坐果难易程度大致可分为大粒丰产品种和落花落粒品种。两类品种在产量控制上管理措施也有不同。大粒丰产品种在花果管理中更加重视疏花疏果技术，落花落粒品种更加重视保花保果技术。

（一）疏花疏果技术

为了调整植株负载量，适当控制产量，提高果实品质，克服大小年，确保优质、丰产、稳产必须疏花疏果。疏花疏果的时间要求严，操作要求高，费工量大，是葡萄栽培管理中的一项重要工作，应引起栽培者的高度重视。

1. 疏除花序　疏花序是在抹芽定枝的基础进一步调整负载量，减少营养消耗，提高坐果率和果实品质的手段之一。疏花序的时期与方法应根据品种特性结合定枝进行。对于树体生长势较弱而坐果率较高的品种，当新梢的花序能够辨别清楚时尽早进行；对于生长势较强、花序较大的品种以及落花落果严重的品种，疏花序的时间应稍晚些，待花序能够清楚看出形状大小时进行。疏花序以“壮二、中一、弱不留”为原则，即粗壮枝留 1～2 个花序，中庸枝留 1 个花序，细弱枝不留花序。

采用双枝更新的枝组，上位枝保留所有带花序的新梢，每个新梢保留 1 个花序，用于结果；预备枝则保留 1 个结果枝和 1 个营养枝，结果枝上只留 1 个花序；采用单枝更新的枝组，大果穗品种保留 1 个营养枝、2 个结果枝，每结果枝保留 1 个花序；中、小果穗品种全部保留为结果枝，每果枝保留一个花序。如果是双花序或多花序品种，则保留从下向上数的第二个花序。

2. 花序修整 为了使果穗标准化，利于果实包装，提高商品外观的整齐度，必须对花序进行修整，使其外观、大小基本一致。花序修整一般在开花前十天，也就是花序分离期进行。若时间太早，穗形难以辨认；时间太晚，则影响效果。目前生产上关于花序修整的方法很多，最为常见的有：

中小果穗葡萄品种的花序修整，如超宝、维多利亚、户太8号，花序修整时，剪去花序上的副花序（副穗）、1/4长的花序前端和第一、二分枝的1/3长。该方法在葡萄生产上较为常见，适用于大多数品种。

短果梗葡萄品种的花序修整，如香悦、金星无核和克瑞森无核，花序修整除了剪去花序上的副花序（副穗）、1/4长的花序前端外，还要剪去花序的第一分枝和第二、三分枝的1/3长。这样做不仅使将来的果穗整齐美观，还便于果实套袋。

赤霉素处理葡萄品种的花序修整，如巨峰、京亚、无核白鸡心，为方便赤霉素处理花序，花序修整除了疏除副穗以外，还要将上部的3～5个分枝去除，只保留穗尖和其上的4～6个分枝。这样做既可以使花序开花整齐，又便于药剂处理。

大果穗葡萄品种，如红地球、美人指，花序修整时，除了疏掉副花序和1/4长的花序先端外，还要按照隔二去一的原则疏掉部分分枝。

3. 疏果穗、果穗整形和疏果粒 疏果穗宜在谢花后一周内、果实似绿豆大小时进行。疏去坐果不良的果穗、带病果穗和弱枝上的果穗，使每棵树的结果枝与营养枝的比例保持在3∶1。

（1）果穗整形。果穗整形可使葡萄穗形大小整齐一致，提高商品价值。首先应以出现数量最多的大小适中、穗形相仿的果穗作为标准穗稍加修整后作为该品种的模式穗，然后依此为标准对其他果穗进行整形。对大型果穗先剪去副穗和穗尖，再掐去第一、二分枝的尖部；对特大果穗除剪去副穗和掐穗尖外，可剪去第一分枝或一、二两个分枝（图8-1）。果穗整形宜在花序已充分发育。各分枝已舒展、花序的形状和大小已固定后进行，在开花前完成。

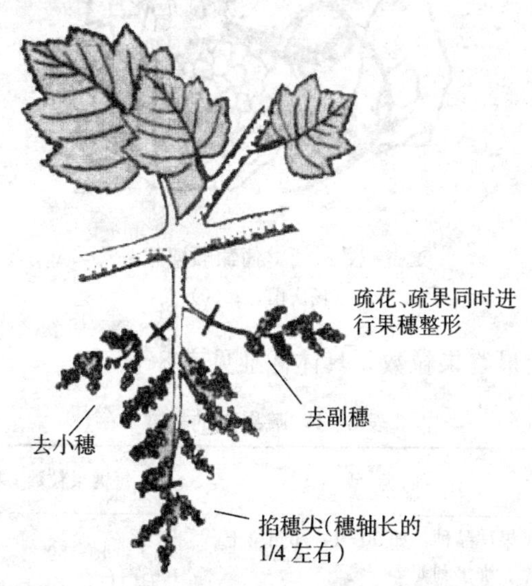

图 8-1　葡萄果穗整形

（张开春，1999）

（2）顺穗、摇穗和拿穗。顺穗在谢花后进行，结合绑蔓把搁置在铁丝或枝蔓上的果穗理顺在棚架的下面或篱架有空间的位置（图 8-2）。在顺穗的同时将果穗轻轻摇晃几下，摇落干枯和受精不良的小粒。一天中以下午顺穗、摇穗最为适宜，此时穗梗柔软，不易折断。拿穗是果粒发育到黄豆粒大小后，把果穗上交叉的分枝分开，使各分枝和各果粒之间都有一定的顺序和空隙，有利于果粒的发育和膨大，也便于剪除病粒和喷药均匀周密。拿穗对穗大而果粒着生紧密的品种作用明显。

（3）疏果粒。疏果粒分两次进行，第一次在果粒似黄豆大小时，和疏果穗工作结合起来进行，疏掉畸形果、病果。第二次在果实套袋前，疏掉畸形果、小僵果和病果以及过密部位的果粒，

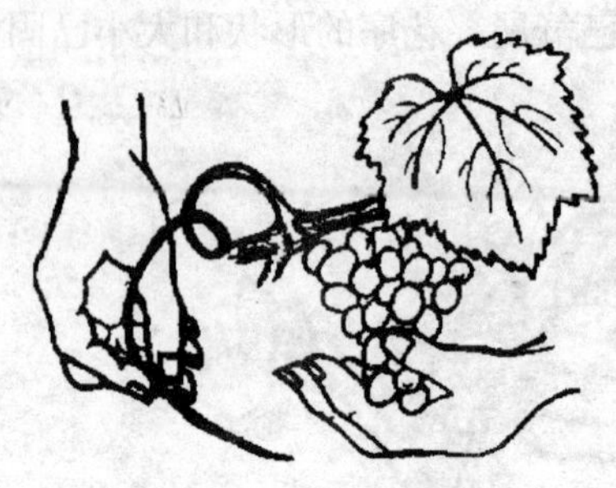

图 8-2　葡萄顺穗

（杨庆山，2000）

确定每穗的最终果粒数，具体标准见表 8-1。

表 8-1　疏果粒的标准

品种类型		每穗果粒数	果穗重（千克）
有核品种	小果穗品种：如 90-1、郑州早玉、超保、维多利亚等	40～50	0.5
	中果穗品种：如维多利亚、粉红亚都蜜、金手指等	51～80	0.75
	大果穗品种：如里扎马特、红地球等	81～100	1.0
无核品种	小果粒品种（单粒重≤4.0 克）	150～200	0.5
	大果粒品种（单粒重＞4.0 克）	100～150	0.5

疏果粒的标准和时间：留下果粒发育正常，果柄粗长，大小均匀一致，色泽鲜绿的果粒；疏去受精不良，向外突出，在果穗中间，果顶向里长，果柄特别短或细长的果粒，以及瘦小果粒、畸形果粒和病虫果粒（图 8-3）。例如藤稔葡萄每穗留果粒以 40～50 粒为宜，每一小穗留果粒数不超过 4 粒。对龙眼、玫瑰香、泽香、牛奶等品种，大型穗可留 90～100 粒果，穗重 500～600 克；中型穗可留 60～80 粒，穗重 400～500 克。巨峰每穗可留 30～50 粒，穗重 350～500 克；藤稔、伊豆锦等，可控制在每

穗 25～30 粒，穗重 400～500 克。疏果粒时先疏去小果粒和畸形果粒，再疏去密挤的正常果粒。对果粒密度大的品种，可先疏除果粒密挤部位的部分小分枝，再疏单粒；对果粒稀疏的大粒品种如巨峰类，以疏果粒为主，必要时再疏除少量小分枝。疏果粒在葡萄落花果后进行较稳妥。

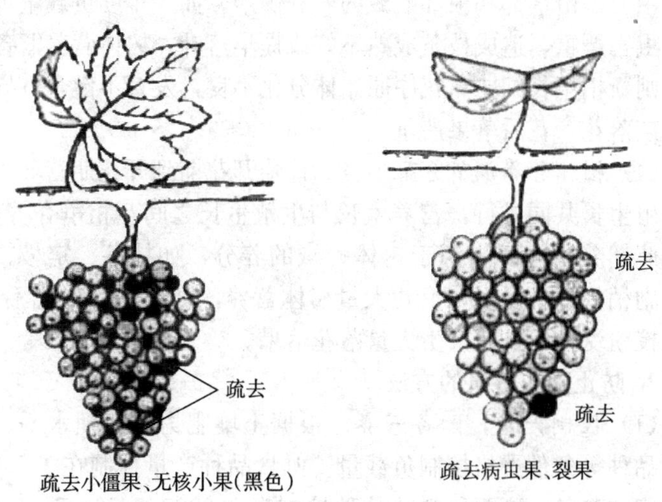

图 8-3　葡萄疏果粒
（张开春，1999）

疏果粒时要细心，用尖剪刀疏剪时，要避免损伤留下的果粒或果穗。

（二）保花保果技术

1. 葡萄落花落果的原因　葡萄落花落果是正常的生理现象，主要是授粉、受精不良及发育不正常的花和果粒自然脱落。引起落花落果的原因主要有：

（1）生理缺陷。与品种本身特性有关。胚珠发育异常，雌蕊或雄蕊发育不健全或部分花粉不育，导致落花落果。

(2) 气候异常。葡萄开花期要求有较适宜的气候条件，即白天温度在20～28℃，最低气温在14℃以上；空气相对湿度65%左右；有较好的光照条件。开花期气候异常，如低温、降雨、干旱等气候条件，均能导致落花落果。

(3) 树体营养贮备不足。葡萄开花前植株所需要的营养物质，主要是由茎部和根部贮藏的养分供给。如上年度负载量过多或病虫害严重，造成枝条成熟不好或提早落叶，树体营养贮备不足，则新梢生长细弱，花序原始体分化不良，发育不健全，导致开花期落花，花后落果严重。

(4) 树体营养调节分配不当。葡萄开花前到开花期营养生长与生殖生长共同进行，营养生长与生殖生长之间互相争夺养分，并且此期养分主要来源于树体贮藏的养分，如抹芽、定枝、摘心、副梢处理不及时，浪费大量树体营养，则花器官分化不良，造成授粉受精不良，产生大量落花落果。

2. 防止落花落果的方法

(1) 控制产量，贮备营养。根据土壤肥力、管理水平、气候、品种等条件严格控制负载量。鲜食品种产量控制在1 500～2 000千克/亩；酿酒和制汁品种控制在1 300～1 500千克/亩。保证果实、枝条正常充分成熟，花芽分化良好，使树体营养积累充足，完全能够满足翌年生长、开花、授粉受精等对养分的需求。

(2) 增施有机肥，提高土壤肥力。增施有机肥，及时追肥。根据土壤肥力秋施优质基肥5 000～8 000千克/亩，并根据树体各时期对营养元素的需求，适时适量追肥。

(3) 加强后期管理。葡萄采收后，叶片光合产物主要用于树体贮藏积累。所以，加强后期管理，及时防治霜霉病，叶蝉、枝叶部病虫害，保证秋叶的旺盛光合机能，增加树体营养。

(4) 控氮栽培。对于花期新梢生长旺盛易与花序、幼果争夺

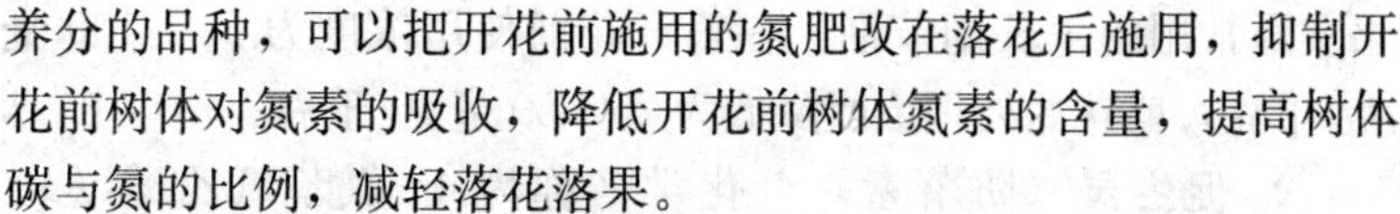

养分的品种，可以把开花前施用的氮肥改在落花后施用，抑制开花前树体对氮素的吸收，降低开花前树体氮素的含量，提高树体碳与氮的比例，减轻落花落果。

（5）花前摘心。在开花前对结果枝进行摘心、去副梢可以暂时抑制新梢的营养生长，促进养分充分向花穗转运，从而提高坐果率。但摘心时间和摘心强度对坐果率的影响也很大。开花前5～10天摘心效果最佳。摘心过早，副梢萌发，反而消耗大量的养分，降低坐果率；摘心过晚，则失去摘心的作用，达不到提高坐果率的效果。摘心不宜过重，摘心处的叶片为正常叶片大小的1/3。

（6）花期喷硼。在开花前10天和始花期各喷1次0.1%～0.3%的硼酸溶液，可以显著提高葡萄坐果率。

（7）利用植物生长调节剂提高坐果率。外源激素可以改变内源激素的平衡关系，促进养分向花序的运转，促进坐果。在6～10片叶时喷布50～100毫克/千克的矮壮素（CCC）可以有效地抑制新梢和副梢的生长，提高坐果率。

（8）环割。在开花前7～10天对主蔓或结果枝进行环割，也可以抑制新梢生长，提高坐果率。通常主蔓环割的宽度不宜超过0.5厘米，结果枝环割的宽度为0.2～0.3厘米。

（9）花前防治灰霉病。在葡萄开花前5天和开花后5天各喷布一次800倍的速克灵或800倍的扑海因可以有效防治灰霉病。

三、葡萄无核化处理技术

（一）葡萄无核化处理常用调节剂

1. 赤霉素（GA）　它的主要功能是促进植物分裂和细胞延伸生长，在葡萄开花前应用GA处理，能使花粉和胚珠发育异常，而开花后应用能促进细胞增大。赤霉素是诱导葡萄形成无子果实最常用的生长调节剂，一般开花前使用浓度为50～100毫克/千克，盛花后处理浓度降低为25～50毫克/千克。

2. 促生灵（防落素） 化学名称为4-氯苯氧乙酸（4-CPA），它的主要功能是提高无核果的坐果率，增大果粒和减轻穗轴的硬化，一般主要在开花前与GA混用，浓度为15毫克/千克，开花后应用常推迟成熟。

3. 细胞分裂素 目前在葡萄无核化处理中的细胞分裂素有两种：

（1）6-苄基嘌呤（BA）。BA与GA合用能提高无核果坐果率，花前与GA混合应用还可延长花前处理的有效时间，但BA对果粒的增大无明显效果，一般多于开花前与GA混合使用，常用浓度为50～200毫克/千克，浓度不当时易形成小青粒，影响商品质量。

（2）吡效隆（CPPU、4PU、KT-30）。是一种新型的细胞分裂素，其活性强，副作用小，效果稳定，在盛花后12～15天用5～20毫克/千克的KT-30与20～50毫克/千克的赤霉素混合处理果穗能明显促进果粒的增大。但在无核品种上应用时处理时间要提前为花后3～9天，而不能过晚。

4. 链霉素（SM） 是抗生素而不属于生长调节剂，在诱导无核果的过程中，花前用链霉素处理能抑制花粉和胚珠的发育，从而形成无核果。一般在开花前10～15天与GA混用，常用浓度为100～300毫克/千克。单独使用，常使果粒变小。

（二）葡萄果实无核化处理方法

1. 开花前和坐果后各处理一次 对玫瑰露、蓓蕾玫瑰-A，红珍珠等品种，盛花前14天于花序下部2厘米处花蕾开始散开时，用100毫克/千克的GA溶液处理花序，然后在盛花后7～14天，再用100毫克/千克GA重复处理一次，其第一次处理目的是诱导无核，第二次是使果实增大。

2. 开花期和坐果后各处理一次 有些品种如先锋等开花前处理副作用较大，而延迟到始花前至始花期，先用10～25毫克/千克GA浸沾花序，待10～15天后，再用25～50毫克/千克GA+5毫克/千克BA混合液再重复处理一次。

对巨峰、甜峰等品种进行处理时，为减轻其穗轴硬化程度、提高无子率，可把第一次处理时间略微提前到始花前2～5天，而第二次处理稍晚一些，在盛花后10～12天，GA浓度减为25毫克/千克，这样处理的果实较为理想。

3. 花后一次处理 该方法仅适用于高尾等非整倍体品种，当花冠裂开、子房露出后3～5天，用50～100毫克/千克GA进行蘸穗，只经一次处理即可形成无子大粒的高品质果粒。

4. 一些雌能花品种（如安吉文） 在完全隔离传粉的条件下，当花冠脱落后先用低浓度的GA（10～20毫克/千克）浸蘸一次花序，10～15天后再用50毫克/千克浓度的GA重复处理一次，即可获得大粒的无核果粒，在有些雌能花品种上也可只在花冠脱落后处理一次，GA浓度为50毫克/千克。

作为商品销售的无子果实，其无子率应在95%以上，对于高档无核葡萄无核率应达到100%。

利用生长调节剂形成无子果实，其效果随品种不同而有很大差异，其中玫瑰露（底拉洼）、先锋等品种处理后效果最好，容易形成无子果实。吉香、早生高墨、藤稔、玫瑰香也容易进行无核化处理。巨峰是当前国内栽培面积最大的鲜食品种，由于各地栽培管理技术的多样化，在进行无核处理时要根据当地气候、生长、坐果等具体情况预先进行试验，以探求最适当的处理浓度和处理方法。

采前容易裂果或落粒的品种如京优、白香蕉、凤凰12等品种要慎用药剂处理。

用于贮藏的品种不宜采用无核或膨大处理，以免影响贮藏效果，用于酿造的品种不需要进行无核化和果实膨大处理。

（三）注意事项

（1）赤霉素制剂难溶于水，而可溶于乙醇，使用时先用少量酒精或白酒将赤霉素粉剂溶解后再加水稀释到所需浓度，而赤霉素乳剂或水溶性赤霉素则可直接用水稀释使用。

（2）赤霉素不能与碱性物质混合作用，否则分解失效。

（3）赤霉素溶液要随配随用，不宜久放，以免失效。

（4）赤霉素单独使用虽有增大果粒的作用，但也有使果梗变脆的副作用，使用中可添加 BA（6-苄基嘌呤）、链霉素予以防止，具体配合方法因品种和使用方法而异需，试验决定。

（5）采用赤霉素等形成无核果和增大果粒时，必须与良好的农业技术相配合，才能获得理想的效果。

（6）不同的葡萄品种对赤霉素和其他生长调节剂的敏感性和使用方法都有所不同，具体使用时应事先进行试验找出最适宜的浓度和处理方法。

（7）用于贮藏的晚熟葡萄品种，不宜用生长调节剂进行无核和促进果粒增大处理，以免影响贮藏效果。

（8）根据国家关于绿色食品生产的有关规定，AA 级绿色食品生产过程中禁止使用一切人工合成的生长调节物质，各地对此应予以关注。

四、葡萄一年多次结果技术

葡萄一年多次结实技术首创于 1940 年我国的安徽省萧县。经过几十年的实践，已在理论研究和实际应用中不断完善。葡萄的芽具有早熟性，因而葡萄一年可以多次结果，特别是庭院葡萄，管理细致，肥水充足，小气候条件适宜，生长期相对较长，有利于一年多次结果。葡萄多次结果技术必须以品种特性为依据，并非任何品种都可以多次结果。龙眼、瓶儿、牛奶等东方品种群品种几乎没有见到多次结果的报道。玫瑰香、巨峰、黑汉、小白玫瑰等品种的冬芽多次结实能力较强。乍娜、潘诺尼亚、葡萄园皇后、亚历山大、保尔加尔、赛必尔等品种则夏芽多次结实能力较强。

从 20 世纪 60 年代多次结果技术开始用于生产，特别是在葡萄园遭到冻害，或因管理不善，一次果严重减产的情况下，通过二次结果，可挽回产量的 10%～50%。在某些葡萄（特别是巨峰）花期气候条件不良或果实成熟期多雨、病害重的地区，索性舍弃一次果，全部利用二次果，也可获得较好的经济效益。实践证明，一年多次结果，一般可增产 20%左右，含糖量和含酸量都比较高，还可延长鲜食葡萄的供应时间。

（一）多次结果的生物学基础

葡萄一年多次结果的生物学基础是葡萄花芽形成的早熟性和花序的芽外分化，许多研究表明，多数葡萄品种在当年开花结束之前，冬芽中已开始了第二年花芽的分化，其中以基部 3～4 节叶腋中花芽分化为最早，而在同一个芽位之中，主芽最易形成花序，部分预备芽虽也能形成花序，但花序质量较差，尤其是欧亚种东方品种群葡萄品种预备芽花序形成率最低。

葡萄夏芽中花芽形成与管理技术，尤其与摘心、扭梢等技术密切有关。在自然状况下，一般夏芽中形成的花序较少、较小，而在人为摘心后花序分化增强，花序也相对增大，但由于夏芽中花芽分化孕育时间较短，因此夏芽花序分化一般较弱，尤其是东方品种群中的龙眼、牛奶等品种，夏芽花序分化能力明显低于欧美杂交种品种。

葡萄花芽芽外形成即花芽分化超节位现象，这是栽培葡萄品种最为突出的一个特点，在一般果树品种枝条上，随着芽在枝条上的着生节位不同，明显存在芽的异质性，从而形成花芽在枝条上的规律形成和分布，即花序只分化着生于一定节位的芽之中，而葡萄花芽分化存在明显的“超节位分化”现象，即从一个枝条的基部第三节起到枝条顶端的第三十节位甚至以上，只要相应的环境条件具备，均可进行花芽的分化。

葡萄芽的早熟性和花芽的超节位分化，为葡萄实现一年多次结果奠定了良好的基础。

（二）葡萄一年多次结果技术

葡萄一年多次结果技术分为利用冬芽二次结果和利用夏芽副梢二次结果两种方法：

1. 利用冬芽副梢一年两次结果技术　采用促发当年生枝上的冬芽进行二次结果，由于冬芽花芽分化较好，二次结果产量和品质均能得到保证，所以生产上常用冬芽副梢形成一年二次结果。利用冬芽副梢二次结果时，其技术关键一是要迫使、加速当年枝条上冬芽中花芽的分化与形成；二是要使冬芽副梢按时整齐地萌发，以保证果实当年能充分成熟。主要措施是：

（1）主梢摘心。由于当年生枝上冬芽中花序分化在开花前至开花初期已开始进行，所以利用冬芽进行二次结果时，主梢摘心一般在花序上方有 4～6 个叶片平展时进行，这次摘心的主要目的是促进树体营养集中于冬芽之中，以促进花芽分化更为充分。

（2）抹除副梢。主梢摘心后，将所有副梢除去，使养分完全集中运向顶端 1～2 个冬芽之中，促进冬芽提前萌发，若第一个萌发的冬芽枝梢中无花序时，可将这个冬芽副梢连用主梢先端一同剪去，以刺激枝条下面有花序的冬芽萌发，由于冬芽发育时间较长，所以冬芽副梢上的花序分化较好，结实力也相对较强。

生产上为了使冬芽副梢花序质量更好，一般抹除副梢分 2 次进行，第一次先抹除中下部的副梢而暂时保留上部的 1～2 个副梢，并对这 1～2 个副梢留 2～3 个叶片进行摘心，待到距第一次副梢抹除后 10～15 天时，再将这 1～2 个副梢除去，以促发冬芽。这样新抽生的冬芽副梢不但整齐一致，而且冬芽中的花序也大而健壮，结实率也高。

通过控制剪除顶端副梢的时间可以调控冬芽的萌发时间，虽然推迟冬芽萌发时间可使花序结实力提高，但冬芽二次枝抽生过晚将直接影响果实的生长和成熟时期，因此一定要注意冬芽抽发时间不能太晚，华北地区剪除顶端副梢逼发冬芽的适宜时间是5月底至6月初，其他地区可根据当地具体的气候情况灵活决定。

2. 采用夏芽副梢二次结果技术 由于夏芽无休眠期，而且一次夏梢萌发后又易抽生二次夏梢，这样易造成营养分散，花芽不易形成或形成的花芽质量不高。因此利用夏芽副梢二次结果时，首先要保证夏芽中花序的良好形成，这是利用夏芽副梢进行二次结果的技术关键，正因如此，利用夏芽副梢二次结果时对摘心和抹除副梢的时间要求十分严格。

（1）主梢摘心。利用副梢二次结果时，必须在夏芽尚未萌发之前及时摘心促其形成花芽，因此摘心时间不能过晚，由于一般欧亚种品种主梢花序上方1～3叶腋节中的夏芽容易形成花芽，因此以促进二次结果为目的的主梢摘心的时间比一般摘心时间要早约1周，同时也要结合一个地区的具体环境和品种花芽形成的状况进行确定，关键的是一定要在摘心部位以下有1～2个夏芽尚未萌动时进行，这一点务必要注意。

（2）抹除全部夏芽副梢。在主梢摘心的同时，抹除主梢上已萌动的全部夏芽副梢，使树体营养全部集中在顶端1～2个未萌发的夏芽之中，促其花芽分化形成，一般主梢摘心后，顶端夏芽5天左右即可萌发，若加强管理即可形成良好的夏芽副梢花序。

（3）对已抽发的有花序的副梢，应在副梢花序以上2～3片叶处摘心，以促进已抽生的花序正常生长。

（4）若诱发的夏芽副梢无花序形成，在其展叶4～5片叶时应再次摘心，促发二次副梢结果，但要注意摘心时在摘心处以下一定要有1～2个尚未萌动的芽。

3. 葡萄二次结果的应用范围 在热带地区葡萄经过人为的

处理，一年多次结果是一种正常的管理方式，而在温带地区葡萄一年只收获一次，但在一些特殊情况下也可采用葡萄一年多次结果技术。

（1）自然灾害严重影响当年产量时，尤其是在我国东北、华北、西北等到地区早春季节葡萄芽眼受冻或新梢萌发后遭受晚霜危害或开花坐果后遭受冰雹等自然灾害花序受害时，常采用二次结果技术，弥补当年葡萄产量的损失。

（2）葡萄园遭遇特殊气候影响，如花期遇雨或持续干旱高温，使葡萄开花、授粉、受精不正常，或果实成熟时正值连绵阴雨季节，或其他自然灾害造成产量受到严重影响时，这时可采用二次结果技术，调节葡萄花期或成熟期到适宜的时期，以保证葡萄能有正常的收成。

（3）在华中、华南部分生长季较长、日照和积温量充足的地区，可利用葡萄多次结果技术提高葡萄单位面积产量和经济效益，尤其是华中、华南部分积温较高的丘陵、坡地地区，应充分利用当地的光热资源，研究推广葡萄一年多次结果技术。

（4）设施栽培中无论促成早熟栽培或延迟栽培均可因地制宜推行葡萄二次结果技术，尤其是葡萄设施延迟栽培中，为尽可能地延迟葡萄成熟时期，应充分利用设施覆盖后生长期延长的特点，促进葡萄二次结果，使延迟栽培内容更加丰富，效益更加提高。

4. 注意事项 一年多次结果技术毕竟是一种人为地调节生长结果的技术，若不按科学规律进行，肯定会形成种种不良的效果。因此，生产上利用一年多次结果技术时应注意以下几个问题：

（1）品种选择。不同品种花芽形成特点不同，一年中多次结果能力品种间差异较大，一般来讲，欧亚种中西欧品种群、黑海品种群及欧美杂交种品种多次结果能力较强，而东方品种群品种多次结果能力明显较差，但即使在同一品种群中，不同品种在不

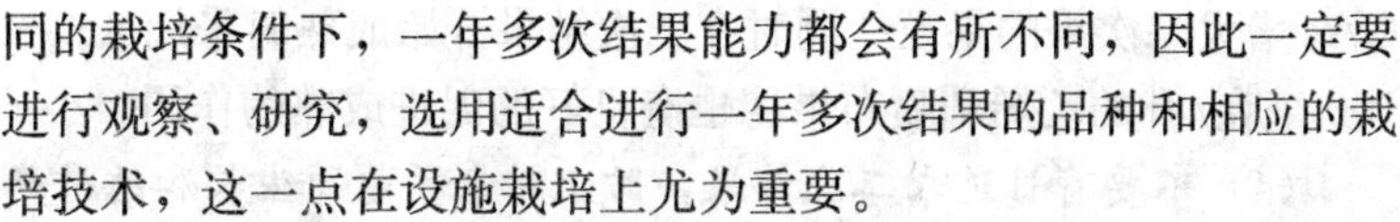

同的栽培条件下，一年多次结果能力都会有所不同，因此一定要进行观察、研究，选用适合进行一年多次结果的品种和相应的栽培技术，这一点在设施栽培上尤为重要。

(2) 要注意当地的环境条件。采用二次结果技术时，植株生长期相对延长。因此，一定要注意当地的气候状况，尤其是生长期中≥10℃的有效积温、无霜期和日照状况，北方一些无霜期短、有效积温较低的地区，尤其是秋末降温较早的地区不一定要勉强去搞一年多次结果（设施延迟栽培除外），而在我国中部，南部地区秋季不但温度适宜，而且降雨量较少、日照充足，这些地区就适于采用一年多次结果技术，以提高葡萄的产量，改善葡萄果实的品质。

(3) 加强植株管理。一年多次结果使树体营养消耗显著增加，因此相应的管理技术一定要跟上，如水肥管理、土壤管理、病虫害防治等，在肥料管理上要重视全年均衡施肥，适当增加追肥次数，在水分管理上要注意夏秋季多雨季节的排水防涝和后期防旱工作，同时要高度重视病虫害防治，确保功能叶的健壮生长，在栽培管理上尤其要重视合理负载和适时采收；在一年多次结果的情况下，负载量过大不但影响果实的品质和成熟时期，而且对第二年树体生长发育及产量和品质也有重大的影响。因此，必须强调合理负载，一个地区如何决定一次果和二次果的产量比例，可根据树体生长情况、栽培目的及管理状况来确定，如为了延迟成熟可重点多留二次果，若是为了防止成熟期遇雨推迟果实成熟期时，可疏除一次果，只保留二次果等。

采用一年多次结果技术时要注意适时采收，一定要在葡萄品种特点充分显示之后再进行采收，不能采收过早。

为了促进二次结果连年稳产优质，还要重视修剪整形、化学调控、增强叶片光合效率等一系列配套技术的应用，一般在第一次摘心后喷 1 000～2 000 毫克/千克的矮壮素（CCC）以促进花芽分化，同时在坐果后利用 CCPU 20 毫克/千克或 25 毫克/千克

GA_3 增大二次果的果粒。同时在二次结果开始成熟时采用 450～500 毫克/升的乙烯利喷布果穗也有良好的促进成熟的作用。

（4）不要盲目追求二次结果，防止对来年葡萄生长和结果产生不良的影响。当前我国西北、华北及东北广大葡萄露地栽培产区均以一年一收为主要栽培模式，这是长期适应当地生态条件形成的葡萄栽培模式，在这些地区除非遇到特殊的气候状况（如晚霜、冰雹对一次果造成严重损失），而一般情况下不要盲目推行一年多次结果，以免营养过度消耗对树体生长带来不良的影响，甚至造成枝条成熟不良和花序分化不健全，以至于严重影响来年的产量和收益，所以一个地方是否采用一年多次结果技术，一定要以当地具体气候、栽培和品种条件为基础，不能盲目追求一年多次结果。

随着新品种、新栽培技术的推广，葡萄多次结果的实用价值越来越淡化，此项技术的应用正日趋减少。

五、套袋技术

葡萄套袋是生产无公害绿色果品的一项重要技术措施，可减少果实生长期病虫为害，减少日灼和鸟害，减轻农药和灰尘的污染，提高果面光洁度；改善果实生长的微环境，使果实着色均匀，色彩鲜艳，果皮细腻，提高葡萄的耐贮性。葡萄套袋栽培具有提高果面光洁度、预防病虫害、提高商品价值、增加经济效益等优点，是当今世界各国争相采用的重要措施之一，也是发展无公害葡萄的重要途径。

（一）葡萄果袋的种类

1. 报纸袋 报纸袋作为一种最早使用的果袋，曾经在生产上大面积使用，目前在部分产区还在使用，其制作材料来源广泛，制作成本低廉，果农使用缝纫机可以自制。但报纸韧性差，不耐雨水浸泡，长期遇雨后极易破裂；其次是透光性差，影响红色品种果实的着色。另外还存在铅污染的问题。所以报纸袋一般适宜在抗病性好、果实成熟期为中早熟、果实颜色为黄绿色或紫黑色的葡萄品种上使用。

2. 纯木浆果袋　纯木浆纸袋的韧性好，袋外面涂有石蜡或纸浆中加有石蜡，耐雨水冲刷和浸泡，防病效果明显，是葡萄生产上最主要的果袋种类。根据其颜色可分为白色纯木浆果袋和黄色纯木浆果袋。白色纯木浆果袋的价格也相对较贵，但其透光性好，适宜大多数葡萄品种，缺点是会加重部分品种的日烧病。黄色木浆果袋价格相对便宜，但果袋透光性差，适宜紫黑色或黄绿色葡萄品种使用。

3. 塑料薄膜果袋　塑料薄膜果袋价格便宜，透光性好，能够观察到果实在果袋中的整个发育过程，对葡萄病虫的发生可以做到早现早治疗。其缺点是果袋透光量大，袋内温度变化剧烈，加之果袋透气性差，果实日灼病发生严重；同时遇雨后如果雨水进入果袋容易造成果袋黏附到果穗上，引发病害。总之，塑料薄膜果袋仍处于试验推广阶段。

（二）葡萄果袋的选择

果袋的选择应根据当地的降水量和品种的抗病性。在阴雨天较多，降水大的地区，选择韧性好、耐雨水冲刷和浸泡、透光性好的果袋，如白色纯木浆纸袋。如果栽培黄绿色或紫黑色葡萄品种也可以使用黄色纯木浆纸袋。在气候干燥、降水量少的地区，套袋的目的主要是提高果品的外观品质，减少农药污染，生产无公害果品。紫黑色或黄绿色品种可以选择价格相对便宜，质量相对差一些的黄色纯木浆纸袋。目前普遍使用的是白色木浆袋。

（三）果袋质量的鉴别

果袋外观必须平整、光洁，所有黏合部分牢固，右上角铁丝紧固，下方通气孔明显，上方果柄孔圆齐；纸袋颜色要均匀纯正，透光均匀。用手摸，纸质手感薄厚均匀，纸张柔软而有韧性，手感发脆过硬的果袋透气性差；手感过于柔软的果袋，张力不足，遇水易透，防病效果差。用双手大拇指与食指捏紧纸袋，纵向及横向撕，用力越大，说明纸张拉力好。用水浸，比较湿水的速度及水干后的变形程度，果袋表面如出现变形、露黑、湿水速度快、黏合部位开胶等情况，均为不合格纸袋。也可用喷雾器快速喷洒纸面，喷洒过后纸面上的水呈水珠状，说明防水性好；呈片状或水直接浸入纸内，说明防水性差。

（四）技术流程

1. 套袋时间 我国目前主要套袋品种有红地球、巨峰、无核白鸡心等。套袋时间根据套袋目的的不同也有差异。以防病为目的，在疏果到位后，越早套袋越好，因炭疽病、白腐病是潜在性病害，花后如遇雨，孢子就可侵染到幼果中潜伏，待到浆果开始成熟时才出现症状，会造成浆果腐烂。以促进果实外观质量为目的，可以晚套袋，在葡萄上色期之前套袋。北方地区套袋的时间最好错过小麦收获后，玉米成苗前大地裸露的这段时期，这样可以减轻日灼病的发生程度。

另外，套袋要避开雨后的高温天气，尤其是阴雨连绵后突然转晴，如果立即套袋，会使日灼加重，因此要经过1～2天，使果实稍微适应高温环境，补喷农药后选择在晴天下午16时之后或阴天果面无水时进行。套袋时间最好是在上午10时之前或下午16时以后，可减轻日灼。如果蘸杀菌剂或果实拉长剂，当天浸过药的果穗当天套完。

2. 套袋前处理 套袋前5～6天全园灌一次透水，增加土壤湿度。套袋前1～2天全园喷施1次杀菌剂。常用的药剂有25.0%咪鲜胺乳油1 000倍液+1 000倍液的歼灭、10.0%苯醚甲环唑水分散粒剂1 500倍液+40.0%咪霉胺悬浮剂1 000倍液+1 000 倍的歼灭，淋洗式喷果穗，做到穗穗喷到，粒粒见药。喷药结束后立即开始套袋。

3. 葡萄套袋操作规程 套袋前先将纸袋有扎丝（1 捆 100 个袋）的一端浸入水中 5.0～6.0 厘米，浸泡数秒钟，使上端纸袋湿润，不仅柔软，而且易将袋口扎紧。套袋时两手的大拇指和食指将有扎丝的一端撑开，将果穗套入纸袋内，当果梗的大部进入果袋后，再将袋口从袋口两侧向穗梗收缩，集中于穗梗上，应紧靠新梢，力争少裸露果柄，然后用袋上自带的细铁丝顺时针或逆时针将金属丝转 1～2 圈扎紧。

在整个操作过程中，尽量不要用手触摸果实，损害果粉。套袋结束后，全园再灌一次透水，降低园内温度，减轻日灼病的发病程度。

4. 套袋后管理

(1) 预防日灼。对易发生日灼病的品种，夏季修剪时，在果穗附近多留叶片以遮盖果穗；套袋时间或提早，或推迟，不要在收麦后大地裸露这段时间进行套袋；选用的果袋透气性要好，对透气性不良的果袋可剪去袋下方的一角，促进通气；在气候干旱、日照强烈的地方，应改篱架栽培为棚架栽培，也可预防日灼的发生；葡萄园生草也可降低果园温度，可有效预防日灼的发生。

(2) 套袋后果实病害的防治。葡萄果实套袋后，虽然果实得到了果袋的保护，但也增加了病害和虫害发现和防治的难度。葡萄果穗套袋后要经常解袋观察果穗，密切注意容易入袋的害虫和果实上的病虫害。一旦发现，可以用小喷壶从果袋下部通气口或人为在果袋下部剪出的小口向内喷药，治疗白腐病的药剂有 40.0%氟硅唑乳油 6 000～8 000 倍液、10.0%苯醚甲环唑水分散粒剂 1 500 倍液。治疗炭疽病的药剂有 25.0%咪鲜胺 1 000 倍液、10.0%苯醚甲环唑水分散粒剂 1 500 倍液。防治虫害的药剂有阿维菌素 1 500～2 000 倍液、高效氯氰菊酯 1 500～2 000 倍液。以上药剂可以相互混用，以节省人工和时间。

（3）摘袋时期及方法。应根据品种及地区确定摘袋时间，对于无色品种及果实容易着色的品种如香妃、巨峰等可以在采收时摘袋，但这样成熟期有所延迟，如巨峰品种成熟期延迟 10 天左右。红色品种如红地球一般在果实采收前 15 天左右进行摘袋，果实着色至成熟期昼夜温差较大的地区，可适当延迟摘袋时间或不摘袋，防止果实着色过度，达紫红或紫黑色，降低商品价值；在昼夜温差较小的地区，可适当提前进行摘袋，防止摘袋过晚果实着色不良。摘袋时首先将袋底打开，经过 5～7 天锻炼，再将袋全部摘除。摘袋时避开高温天气和连阴雨天气，防止日灼和裂果。对于紧挨果枝的果穗，利用摘下的纸袋垫到果穗和果枝的中间，防止果穗摘袋后，因刮风造成果面擦伤，影响果实外观品质。

透明塑料袋可不除袋，带袋采收。白色果袋对黄绿色或散射光着色的紫黑色葡萄品种，套袋对着色没有大的影响，可以带袋销售或边采果边取袋。对于红色品种，可在采果前 7～15 天取袋，改善光照条件，以促进着色和成熟。

第九章 葡萄安全生产的病虫草害防治

葡萄在整个生命周期中，都会受到各种生物（病毒、细菌、真菌和害虫）和非生物（霜冻、冻害、干旱、盐碱、肥害、营养不良或过剩、化学物质等）的胁迫为害，影响葡萄的正常生长和果实的品质，严重时会减产减收，造成极大的经济损失。我国北方葡萄种植面积很大，但是各地的气候类型差别各异，适宜栽植的品种类型和易感染的病虫害种类也不同。所以，在葡萄的生长过程中一定要根据当地具体情况，制订有效的对各种病虫、不良环境、非正常农事作业的预防措施。

一、病虫害发生特点

（一）葡萄病虫害发生的时期与环境条件

1. 葡萄病害发生的阶段 北方葡萄的生长发育阶段是4月初至10月底，葡萄的病虫害防治主要在这个生长季进行。7～9月又是葡萄生长季中雨水最多的季节，是病虫害防治的重点时期。

2. 病害发生的适宜温度 葡萄病害发生的温度范围是5～32℃，最利于病害发生的温度范围是20～28℃。

3. 病害发生的适宜天气条件 病害发生的适宜天气条件是雨水天气和地面有积水的情况。

（二）病虫害诊断

对葡萄造成危害的主要因素有病害、虫害、除草剂、动物、鸟、栽培措施和天气等非生物因素，多种病害往往协同对葡萄造成为害。不管天气如何、不管葡萄树体是否有果实，从萌芽到收获，都要细致地做好病害的检查工作，越早治疗效果越好，使用的杀菌剂和杀虫剂越少。采收后、落叶前也要仔细检查，做好叶片病害的防治和叶片、枝条的消毒工作，将霜霉病、白粉病、炭疽病等病原降到最低限度。

仔细检查发生病害的敏感品种，病害出现和造成为害的日期和天气条件，病害对葡萄园的为害评估，地块间的差异、品种间差异，白粉病等风传病害的主要方向，为害部位（幼叶、成龄叶、枝条、果实、叶片的上表面或下表面），病害症状（斑点、枯叶、腐烂、萎蔫）等，检查是否有铁丝或其他物质对葡萄组织造成机械伤害。

二、综合防治

葡萄病虫害是一种自然灾害，直接影响葡萄的产量、品质和市场供应。近年来，由于葡萄生产迅速发展，病虫害种类也随之增多，发生规律也较复杂，所以要做好病虫害防治工作。在实际防治过程中，常采取广谱化学农药，使病原、害虫产生抗药性，杀伤天敌和污染环境。特别是葡萄供人们鲜食，使用化学农药后残留的问题比较突出，迫切需要贯彻“预防为主，综合治理”的植保工作方针，结合葡萄病虫害的作用。在综合防治中，要以农业防治为基础，因时因地制宜，合理运用化学农药防治、生物防治、物理防治等措施，经济、安全、有效地控制病虫害，以达到提高产量、质量，保护环境和人民健康的目的。

（一）预防措施

影响葡萄品种选择的因素很多，抗性品种的选择是减轻病害发生的主要措施；南北行向、地形的合理利用可以最大限度地增加空气流通和土壤水分排出；修剪下的枝条等是病原菌主要的藏身地，修剪后都要清出园外或烧毁，可以减少为害风险。

修剪、绑蔓、去叶片等树冠管理措施可以增加空气流动，促进叶片干燥和杀菌剂的使用效果。在生长季对病害进行全程监测，分析评估主要病害的为害程度和来年的为害情况。

（二）防治措施

做好葡萄病虫害的防治，应立足于如何提高树体的抗病能力，如何防止病虫的侵染、传播和蔓延以及如何创造有利于树体生长发育的环境条件等几个方面，最后考虑化学药剂防治。在药剂防治中，也应根据当地的气候和病虫为害的特点，做出全面、合理的安排。

1. 病虫害防治策略　我国葡萄园中病虫害种类很多，引起灾害比较严重的有10余种，其中大多是真菌性病害，一旦发病，治愈很难。我国葡萄植保方针是“预防为主，综合防治”，在生产中要最大限度地减少农药污染，生产无公害食品。“预防为主”就是在发生病虫害之前就采用适当的措施，通过农业技术措施和物理方法提高植株本身对病虫的抵抗能力，并搞好预测预报，把病害消灭在未发前或发病的初始阶段。“综合防治”就是从农业生产的全局和农业生态系统的总体观点出发，充分利用自然界抑制病虫害的因素，经济、安全、有效地控制病虫害，从而实现高产、稳产、优质，为使生产的葡萄及园中作业不产生公害，在采取每一项防治措施前，还应综合考虑是否会对产品和所处环境带来不利影响。所以，葡萄安全生产的病虫害防治的基本原则就是尽可能充分地运用农业技术措施和物理方法提高葡萄植株的抗性和阻断或减弱病虫害发生的各个环节，尽量减少农药使用量。

2. 病虫害防治方法

（1）加强植物检疫。植物检疫是由国家或地方行政机构利用法规的形式禁止或限制危险性病虫和杂草等人为地从一个国家或地区传入、传出，或传入后采取一切措施，以限制其传播扩散。这是预防病虫害的一项非常重要的措施，也是积极有效的。颁布法令，对植物及其产品，特别是种子和苗木管理和控制，防止危险性病、虫、杂草等传播蔓延为害，保证农业生产的一项重大措施。植物检疫，可以禁止危险性病、虫、杂草随着植物及其产品由国外输入或由国内输出；可以将国内局部地区发生的危险性病虫害封锁在一定地区内，不让其传到没有发生的地区；一旦危险性病、虫、草被传入新区，则立即采取紧急措施，就地彻底清除。

我国葡萄上的检疫对象是葡萄根瘤蚜、皮尔斯氏病、一些病毒病害等。

（2）选用抗性品种。选用抗性品种是病虫害防治的重要途径，是最经济有效的方法。因为寄主植物和有害生物在长期进化过程中形成了协同进化的关系，有些寄主植物对一些病虫形成了不同程度的抗性。因此，利用种植抗病品种防治病虫害，简单易行、经济有效；特别是对一些难以防治的病害，防控效果更理想。

葡萄是多年生树木，不同于大田作物。在葡萄上，应用抗病虫品种最重要的方法，是在发展葡萄园时进行品种选择。要根据地区的气候、地域性的病虫害种类、土壤类型等选择品种，进行区试，并根据区试结果进行品种的选择；另一方面，在品种的选育中合理利用品种的抗病虫害的种质和特性。

一般来说，欧亚种葡萄比较适宜于较干旱的地区栽培，其抗湿热的能力较差，容易感染在湿热条件下发生、流行的一些病害；而欧美杂交种葡萄，抗病能力则比较强。贝达以及原产我国

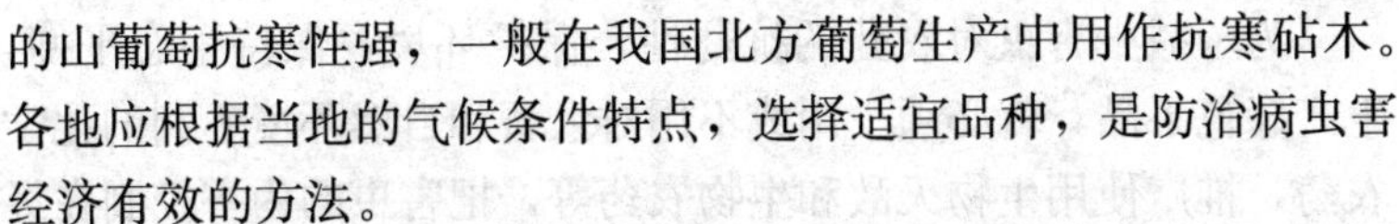

的山葡萄抗寒性强，一般在我国北方葡萄生产中用作抗寒砧木。各地应根据当地的气候条件特点，选择适宜品种，是防治病虫害经济有效的方法。

（3）利用良好的农业措施，减少病虫害。在葡萄的栽培过程中，通过合理的栽培管理方式，可以有目的地创造有利于葡萄生长发育的环境条件，使葡萄生长健壮，提高葡萄植株本身的抗性；另一方面，可以创造不利于病虫活动、繁殖和侵染的环境条件，控制病源，减少为害。

①培育健壮、无病虫苗木。栽培葡萄最初的病原是带菌的苗木和接穗，病菌随苗木、接穗等扩散、传播，因此培育健壮无病虫害的苗木，是最基本的环节。

②保持果园清洁卫生。冬季做好清园工作，将残留园中的烂果、枯枝、败叶、杂草以及修剪下来的枝蔓都清理出葡萄园，刮除病皮、翘皮。清除出来的组织和杂物要集中烧毁或深埋。生长季要及时摘除病果、病叶，剪除病虫为害的枝蔓，随时清除杂草。

③合理施肥和灌水。合理施肥，多施有机肥，能增强树势，提高植株抗性；合理施肥包括肥料的数量、比例、施肥方法和时期等，应因地制宜地处理好。一般多施有机肥可以改良土壤，改善土壤微生物区系，促进根系发育，提高植株的抗性。在肥料种类上，氮、磷、钾应注意配合使用。一般磷、钾肥有减轻病害的作用。田间缺水或积水过多都会影响植株的正常生长发育，降低植株的抗病性而诱发病害。避免枝蔓徒长，影响架面通风透光，加重病害发生。

（4）害虫天敌保护利用。果树害虫是果树生产上重要的自然灾害之一，长期以来，由于化学农药的迅速普及以及使用方法不当，使害虫产生了严重的抗药性，同时也杀灭了许多有益的害虫天敌，破坏了自然界生物种群的平衡和天敌昆虫对害虫控制的应有作用。

为了减少害虫对农药的抗药性，保护环境，保持生态平衡，生产绿色果品，就必须少用或不用对人畜和自然环境不利的化学农药，推广使用生物天敌和生物农药等，把害虫的为害控制在经济允许水平之下，既防治了果树害虫，又不污染环境，保持生态平衡。

我国天敌资源极为丰富，葡萄园中害虫天敌主要有捕食性和寄生性两大类。常见捕食性天敌如草蛉类、瓢虫类、蜘蛛类、螳螂类、鸟类等，可捕杀各种害虫甚至虫态。寄生性天敌主要包括各种寄生蜂类昆虫等，可寄生于害虫的体内或体外。因此，害虫天敌对害虫的发生起着重要的抑制作用。在葡萄园发生的多种害虫中，只有少数种类常年造成为害，必须采取其他辅助措施进行防治，多数种类长期处于被自然抑制状态，而不能形成大的为害，主要原因就是天敌起着重要的自然控制作用。由此可见，在制订葡萄害虫综合防治策略时，把保护和利用害虫天敌等自然控制因素，即生物防治，作为其中的一项重要手段，是非常必要的。保护和利用害虫天敌，充分发挥天敌昆虫的自然控制作用，主要是协调化学防治和生物防治之间的矛盾。应当遵循以下主要原则：

①加强果树休眠期的病虫综合防治，减轻生长期的防治压力，促进害虫天敌群落的恢复与建立。

果树休眠后期，越冬害虫大量出蛰时，由于其抗性最弱，最重要的是此时害虫天敌尚未出蛰，防治时机最佳，尤其是果树发芽之前。此时，充分剪、刮藏有害虫成虫、蛹、卵的枝条、树皮并集中烧毁。此时喷药也是防治树上越冬害虫的有利时机。3 月中旬全园密封喷布一次 5 波美度石硫合剂。4 月初，根据虫情监测结果，利用害虫出蛰期抗性较弱的特点，可用广谱性杀虫剂消灭害虫。

②果树生长期不喷或少喷广谱性杀虫剂。天敌和害虫一样，大部分种类在果园内越冬。在果树落花后，越冬后天敌陆续出

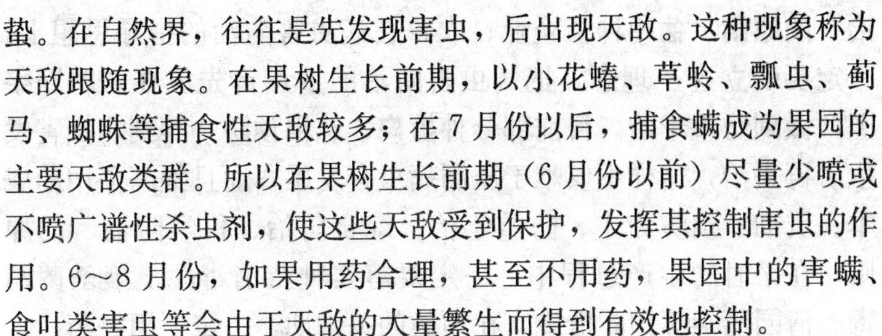

蛰。在自然界，往往是先发现害虫，后出现天敌。这种现象称为天敌跟随现象。在果树生长前期，以小花蝽、草蛉、瓢虫、蓟马、蜘蛛等捕食性天敌较多；在 7 月份以后，捕食螨成为果园的主要天敌类群。所以在果树生长前期（6 月份以前）尽量少喷或不喷广谱性杀虫剂，使这些天敌受到保护，发挥其控制害虫的作用。6～8 月份，如果用药合理，甚至不用药，果园中的害螨、食叶类害虫等会由于天敌的大量繁生而得到有效地控制。

③使用选择性杀虫剂、杀螨剂。据近年来的实践认为，有许多杀虫、杀螨剂对天敌活动的影响不大，被称为选择性农药，常用杀虫剂品种有灭幼脲 3 号、杀蛉脲、卡死克、吡虫啉、扑虱灭、机油乳剂、苏云金芽孢杆菌、白僵菌等，杀螨剂有阿维菌素、浏阳霉素、螨死净、尼索朗、哒螨灵、硫悬浮剂等。

④果园种草。果园种草是指在果树行间种植有益草种，一般以豆科牧草为主。常用的草种有紫花苜蓿和白三叶草。这些牧草发芽早、生长期长，有利于天敌的活动。实践证明，种草果园天敌数量大、物种丰富，果园的生态环境更稳定，能够有效抑制害虫的滋生蔓延。

⑤人工繁育、释放天敌。对于一些常发性害虫，单靠天敌本身的自然增殖是很难控制害虫的，因为天敌往往是跟随害虫之后发生的，比较被动。若在害虫发生之初自然天敌不足时，提前释放一定数量的天敌，则能主动控制害虫，取得较好的防治效果。

（三）综合防治

随着葡萄种植业的发展，葡萄病虫害也呈上升趋势，不仅病害增多，而且发病程度和发病频率也渐趋严重，葡萄病虫害防治成本也有较大提高。葡萄病虫害防治怎样才能做到少花钱、降低成本，同时又达到较好的防治效果，在生产过程中应重点把握好以下几个环节：

1. 一定要贯彻“预防为主、防重于治、综合防治、科学防

治”的原则 葡萄种植企业、农户在病虫害防治的指导思想上，一定要确立这一理念，把病虫害防治的重点首先放在“防”字上，做到防重于治。目前部分种植户，忽视预防，等到病虫害发生后再去治，这样不仅难于压制病虫害发展，而且提高了用药成本。贯彻“预防为主、防重于治、综合防治、科学防治”的原则，在平时的生产过程中，一定要落实种苗消毒、土壤杀菌消毒、清园消毒等预防措施，在预防的关键期，一定要用好药。

2. 一定要正确识别病虫害，对症选药 正确识别病虫害是有效防治病虫害的前提，只有正确识别病虫害，才能使防治工作有的放矢。部分葡萄种植企业、农户，由于病虫害知识缺乏，对病虫害辨认不准，往往误认，因而盲目用药，这样不仅增加了防治成本，而且延误了防治时机，给生产造成影响和损失。因此，正确识别病虫害，对症选药是节省防治成本，提高防效的重要环节。

3. 一定要选准农药，注意农药的质量 目前，农资市场较为混乱，各种名目繁多的葡萄专用杀菌剂充斥市场，有的农药成分没有多大变化，仅换了一个新的名称，就成了一个新的农药品种，甚至是伪劣农药。因此，农药的质量问题，就成为节省防治成本，提高防效的又一个重要问题。在选购农药时，一定要从正规渠道购买，不要单纯地看它的药品名称、宣传内容，更重要的是看它“三证”是否齐全、弄清其有效成分是什么、含量是多少，了解其作用机理和用途。在选药时，一定要注意农药的通用名，不要被繁多的商品名所迷惑，谨防假冒伪劣，切勿购买和使用标签模糊不清、证号不全、没有中文通用名的农药。另外，在选药时，最好选择兼治性的农药，达到一药多治的效果。

4. 一定要根据病虫害的发生规律及气候特点，把握好适时施用的关键期 在适时施用的关键期，及时用药，才能起到事半功倍的防治效果。防治效果提高了，防治成本也就降低了。关键期的防治，包括预防关键期和治疗关键期两个方面的用药。预防关键期，即要根据病虫害的发生规律及气候特点适时地用好保护

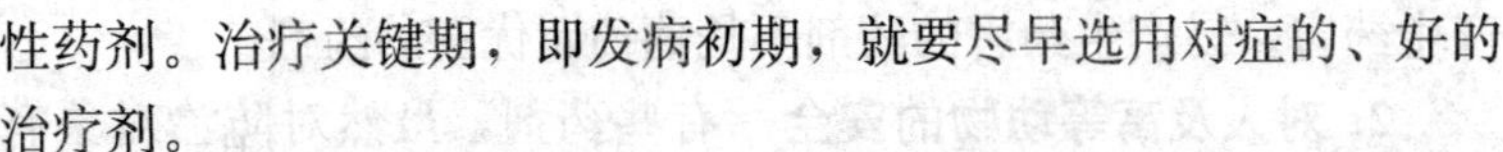

性药剂。治疗关键期，即发病初期，就要尽早选用对症的、好的治疗剂。

5. 一定要科学、合理、安全地施用农药　不按科学要求施用农药，既讲不上提高防效，也不可能降低防治成本。要注意4个方面的问题：①合理配药，切忌胡乱混配。能用单剂解决问题的，就不要复配，这样既安全，又节省防治成本。确实需要用两种以上药剂复配施用，才能解决问题的，才进行复配施用，但一定要弄清复配所用药剂的特点，弄清能不能混合施用、复配后会不会产生副作用，切忌随意复配，造成不必要的损失。②交替施用农药。长期使用某种农药，病虫对这种农药会产生抗药性，为提高防治效果，降低防治成本，生产者应每年更换使用农药。目前，部分生产者在生产过程中，觉得自己多年使用某种药物对防治某种病虫害效果比较好，因而多年不做药剂更换调整，这种情况应改变。交替更换使用农药，不仅可有效避免病虫产生抗药性，保证药剂防治效果，而且有利于减少某种农药在植株体内的过多残留，有利于提高果品安全性。③选用适宜浓度。要严格按照药剂说明书和成熟经验，选用适宜的施药浓度。浓度过低起不到防治作用，且易诱发病虫的抗药性；浓度过高，易产生药害，还会加重对环境污染和果品的不安全性。选用的浓度，可根据药剂说明书和经验，视病虫害发生程度、已用次数、天气条件等，做适当地调整。④讲究施药技巧。喷药时，喷孔要适宜，压力要大、雾化效果要好，喷雾要均匀周到，不重喷，不漏喷，喷量适度。同时，一定要注意温度、湿度、光照、风、雨等环境条件对施药的影响。

三、葡萄园安全生产用药

（一）葡萄生产安全用药的要求

1. 对作物安全　有些药剂，在某些葡萄品种或时期使用会产生药害。易产生药害的药剂不是葡萄园优选的药剂。

2. 对人及高等动物的安全 有些药剂，虽然对防治对象有不错的防效，并且对葡萄没有药害，但对高等动物有很大的副作用，这些药剂不是葡萄园优选的药剂。

3. 对环境的安全 还有一些药剂，虽然药效很理想但应用后的残留造成一系列问题，如农药残留超标造成的食品安全问题、葡萄中的农药残留超标影响葡萄酒发酵和葡萄酒质量问题。易造成残留的药剂不是葡萄园优选的药剂。

（二）施药原则

施药应遵循对症、及时、有效、经济、安全、合理、到位、雾化、交替、合法等原则。

1. 对症 首先确定是什么病，然后决定用什么药。同一种病可能有几种药可供选择，同一种药可能防几种病。

2. 及时 防病治病都必须适时、及时，过早、过迟都会错过良机，降低药效，甚至无效，有时还可能起副作用。发病前适时用药预防，可以减少用药剂量与次数，有利于生产无公害葡萄。

3. 有效 什么药剂杀什么菌，应有针对性，什么浓度合适，什么环境下发挥作用应明确。

4. 经济 同一种病害，有多种杀菌剂可选用，应选择价廉、有效期长，低浓度、低残留的种类。

5. 安全 无毒或低毒，对人、畜安全无毒害，对葡萄树体器官无药害。在无公害葡萄生产中，对允许使用农药和限制使用的农药均有严格规定的用药剂量，一年中的使用次数和最后一次用药至采收期的安全间隔期，用药量及浓度不可随意提高和增加，否则会导致果品农药残留量增加，不符合无公害葡萄生产的要求。

6. 合理 使用浓度合理，使用方法合理，使用时间合理，

混合使用合理。根据葡萄的不同发育阶段，病虫害具体种类和发生程度合理选择药剂。

7. 到位　药剂吸收的部位是叶背的气孔，喷药时应以喷洒叶背为主，同时兼顾新梢、花序、果穗等。

8. 雾化　喷出的药液必须是雾状，越细越好，大的药滴既浪费农药又达不到预期的效果。

9. 交替　在同一地点、同一生长期内防治同一种病虫害，可选择性质不同的多种药剂轮流交替使用才能更加有效，还能减少抗药性的发生。

10. 合法　不能使用国家禁止使用的农药。

（三）葡萄生产安全用药的有关规定

我国葡萄主栽品种为欧亚种和欧美杂种，大多容易感染不同的真菌病害，为防止病害及虫害的发生，每年需要喷洒各种农药数10次以上，随着抗药性的产生，农药的施用量成倍增加，造成果实农药残留量加大，甚至发生药害，害虫天敌遭到杀害，环境污染严重。为了降低葡萄果实中农药的残留量，达到安全高产、降低成本、增加果农收益的目的，必须贯彻综合防治的原则，使用生物农药、低毒、低残留的农药和有效的农业措施，最大限度地减少化学农药的用量。

1. 农药分类　根据目前农业生产上常用农药（原药）的毒性综合评价（急性口服、经皮毒性、慢性毒性等），分为高毒、中等毒、低毒三类。

（1）高毒农药。3911、苏化203、1605、甲基1605、1059、杀螟威、久效磷、磷胺、甲胺磷、异丙磷、三硫磷、氧化乐果、磷化锌、磷化铝、氰化物、呋喃丹、氟乙酰胺、砒霜、杀虫脒、西力生、赛力散、溃疡净、氯化苦、五氯酚、二溴氯丙烷、401等。

（2）中等毒农药。杀螟松、乐果、稻丰散、乙硫磷、亚胺硫磷、皮蝇磷、六六六、高丙体六六六、毒杀芬、氯丹、滴滴涕、西维因、害扑威、叶蝉散、速灭威、混灭威、抗蚜威、倍硫磷、敌敌畏、拟除虫菊酯类、克瘟散、稻瘟净、敌克松、402、福美砷、稻脚青、退菌特、代森铵、代森环、242滴、燕麦敌、毒草胺等。

(3) 低毒农药。敌百虫、马拉硫磷、乙酰甲胺磷、辛硫磷、三氯杀螨醇、多菌灵、托布津、克菌丹、代森锌、福美双、萎锈灵、异稻瘟净、乙磷铝、百菌清、除草醚、敌稗、阿特拉津、去草胺、拉索、杀草丹、2甲4氯、绿麦隆、敌草隆、氟乐录、苯达松、茅草枯、草甘膦等。

高毒农药只要接触极少量就会引起中毒或死亡。中、低毒农药虽较高毒农药的毒性为低，但接触多、抢救不及时也会造成死亡。因此，使用农药必须注意经济和安全。

2. 农药使用范围 凡已订出《农药安全使用标准》的品种，均应按照《标准》的要求执行。尚未制定《标准》的品种，执行下列规定：

(1) 高毒农药。不准用于蔬菜、茶叶、果树、中药材等作物，不准用于防治卫生害虫与人、畜皮肤病。除杀鼠剂外，也不准用于毒鼠。氟乙酰胺禁止在农作物上使用，不准做杀鼠剂。3911乳油只准用于拌种，严禁喷雾使用。呋喃丹颗粒剂只准用于拌种、用工具沟施或戴手套撒毒土，不准浸水后喷雾。

(2) 高残留农药。六六六、滴滴涕、氯丹，不准在果树、蔬菜、茶树、中药材、烟草、咖啡、胡椒、香茅等作物上使用。氯丹只准用于拌种，防治地下害虫。

(3) 杀虫脒。可用于防治棉花红蜘蛛、水稻螟虫等。根据杀虫脒毒性的研究结果，应控制使用。禁止在其他粮食、油料、蔬菜、果树、药材、茶叶、烟草、甘蔗、甜菜等作物上使用。在防治棉花害虫时，亦应尽量控制使用次数和用量。喷雾时，要避免人身直接接触药液。

(4) 禁止用农药毒杀鱼、虾、青蛙和有益的鸟、兽。

3. 禁止使用的农药　禁止使用剧毒、高毒、高残留、有"三致"（致畸、致癌、致突变）作用和无"三证"（农药登记证、生产许可证、生产批号）的农药。葡萄安全生产中禁止使用的农药有：六六六、滴滴涕（DDT）、杀毒芬、二溴氯丙烷、杀虫脒、二溴乙烷、艾氏剂、狄氏剂、汞制剂、砷、铅类、敌枯双、氟乙酰胺、甘氟、毒鼠强、氟乙酸钠、毒鼠硅、甲胺磷、甲基对硫磷、对硫磷、久效磷、磷胺、甲拌磷、甲基异柳磷、特丁硫磷、甲基硫环磷、治螟磷、内吸磷、克百威、涕灭威、灭线磷、硫环磷、蝇毒磷、地虫硫磷、氯唑磷、苯线磷。

4. 限制使用的农药　根据作物种类不同和安全程度要求不同，对某些农药的使用范围进行进一步的限制。我国对葡萄安全生产上限制使用的农药包括：允许和限制使用高效低毒、高效中毒、低残留、无"三致"（致癌、致畸、致突变）毒性的农药，限制使用的农药主要是具有内吸性和渗透作用大的农药，在葡萄整个生长期内最好只使用一次。如菌毒清、代森锰锌、甲基托布津、多菌灵、扑海因、粉锈宁、甲霜灵、百菌清。杀虫剂如吡虫啉、马拉硫磷、辛硫磷、敌百虫、双甲脒、乐斯本、敌敌畏、杀螟硫磷、灭扫利、功夫、杀灭菊酯、氰戊菊酯。但对上述有机合成农药，应严格按照国家标准要求控制施药量和安全间隔期，果品中的最终残留量应符合国家最高残留限量标准。

表 9-1　限制使用的农药（生长季中仅可用 1 次）

农药名称	剂　型	主要防治对象	使用方法	最小安全间隔期（天）	最多使用次数
敌敌畏	50% 或 80% 乳油	叶蝉等	500～1 000 倍液，喷雾	15	1
福美双	50%或 75%可湿性粉剂	白腐病、炭疽病等	500～800 倍液，喷雾	30	1
多菌灵+福美双	40% 可湿性粉剂	霜霉病、白腐病等	600～800 倍液，喷雾	30	1

（续）

农药名称	剂　型	主要防治对象	使用方法	最小安全间隔期（天）	最多使用次数
退菌特	50%可湿性粉剂	白腐病、炭疽病等	800倍液，喷雾	30	1
粉锈宁	20%或25%可湿性粉剂	白粉病、锈病、白腐病等	500～1 000倍液，喷雾	10	1

5. 出口欧盟水果禁用农药

（1）杀虫杀螨剂。杀螟丹、乙硫磷、苏云金芽孢杆菌、δ-内毒素、氧化乐果、三唑磷、喹硫磷、甲氰菊酯、溴螨酯、氯唑磷、定虫隆、嘧啶磷、久效磷、丙溴磷、甲拌磷、特丁硫磷、治螟磷、磷胺、双硫磷、胺菊酯、稻丰散、残杀威、地虫硫磷、双弧辛胺、丙烯菊酯、四溴菊酯、氟氰戊菊酯、丁醚脲、三氯杀螨醇、杀虫环、苯螨特等30种。

（2）杀菌剂。托布津、敌菌灵、稻瘟灵、有效霉素、甲基胂酸、恶霜灵、灭锈胺、敌磺钠等8种。

（3）除草剂。苯噻草胺、异丙甲草胺、扑草净、丁草胺、稀禾腚、吡氟禾草灵、吡氟氯禾灵、恶唑禾草灵、喹禾灵、氟磺胺草醚、三氯羧草醚、氯炔草灵、灭草猛、哌草丹、野草枯、氰草津、莠灭净、环嗪酮等20种。

（4）植物生长调节剂。氟节胺、抑芽唑、2，4，5-涕。

（5）杀螺剂。蜗螺杀。

6. 农业部推荐使用的农药

（1）杀虫、杀螨剂。

①生物制剂和天然物质。苏云金芽孢杆菌、甜菜夜蛾核多角体病毒、银纹夜蛾核多角体病毒、小菜蛾颗粒体病毒、茶尺蠖核多角体病毒、棉铃虫核多角体病毒、苦参碱、印楝素、烟碱、鱼藤酮、苦皮藤素、阿维菌素、多杀霉素、浏阳霉毒、白僵菌、除虫菌素、硫黄悬浮剂。

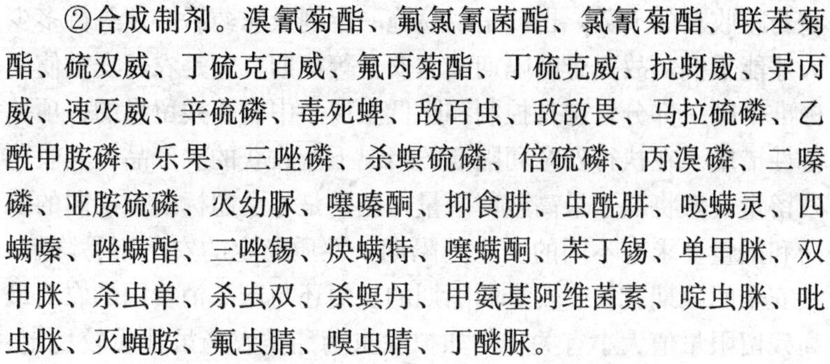

②合成制剂。溴氰菊酯、氟氯氰菌酯、氯氰菊酯、联苯菊酯、硫双威、丁硫克百威、氟丙菊酯、丁硫克威、抗蚜威、异丙威、速灭威、辛硫磷、毒死蜱、敌百虫、敌敌畏、马拉硫磷、乙酰甲胺磷、乐果、三唑磷、杀螟硫磷、倍硫磷、丙溴磷、二嗪磷、亚胺硫磷、灭幼脲、噻嗪酮、抑食肼、虫酰肼、哒螨灵、四螨嗪、唑螨酯、三唑锡、炔螨特、噻螨酮、苯丁锡、单甲脒、双甲脒、杀虫单、杀虫双、杀螟丹、甲氨基阿维菌素、啶虫脒、吡虫脒、灭蝇胺、氟虫腈、嗅虫腈、丁醚脲。

（2）杀菌剂。

①无机杀菌剂。碱式硫酸铜、王铜、氢氧化铜、氧化亚铜、石硫合剂。

②合成杀菌剂。代森锌、代森锰锌、福美双、乙磷铝、多菌灵、甲基硫菌灵、噻菌灵、百菌清、三唑酮、三唑醇、己唑醇、腈菌唑、乙霉威、硫菌灵、腐霉利、异菌脲、霜霉威、烯酰吗啉锰锌、霜脲素锰锌、霜脲氰、猛锌、邻烯丙基苯酚、嘧霉胺、氟吗啉、盐酸吗啉胍、恶霉灵、噻菌铜、咪鲜胺、咪鲜胺吗啉胍、抑霉唑、氨基寡糖素、甲霜灵锰锌、亚胺唑、恶唑烷酮锰锌、脂肪酸铜、腈嘧菌酯。

③生物制剂。井冈霉素、农抗 120、菇类蛋白多糖、春雷霉素、多抗霉素、宁南霉素、木霉菌、农用链霉素。

7. 提倡使用的农药

（1）农用抗生素。灭瘟素、春雷霉素、井冈霉素、农抗 120、浏阳霉素、华光霉素、青虫菌等。

（2）活体微生物农药。绿僵菌、鲁保 1 号、苏云金芽孢杆菌等。

（3）植物源农药。除虫菊素、苦楝素、鱼藤酮、烟碱、植物油乳剂、芝麻素等。

（4）矿物源农药。硫悬乳剂、石硫合剂、硫酸铜、波尔多液。

8. 主要应用农药的安全间隔期　安全间隔期是指最后一次

施药距收获的天数，也就是说喷施一定剂量农药后必须等待多少天才能采摘，故安全间隔期又名安全等待期，它是农药安全使用标准中的一部分，也是控制和降低农产品中农药残留量的一项关键性措施。在执行安全间隔期的情况下所收获的农产品，其农药残留量一般将低于最高残留限量，至少是不会超标的。不同的农药和剂量要求有不同的安全间隔期，性质稳定的农药不易降解，其安全间隔期就长。安全间隔期的长短还与产品消费国的农药最高残留限量值大小有关，例如拟除虫菊酯类农药虽性质较稳定，但大部分国家最高残留限量值较高，因而安全间隔期较短。

表 9-2　主要农药使用方法和安全间隔期

农药名称	剂　型	主要防治对象	使用方法	最小安全间隔期（天）	最多使用次数
敌百虫	90%晶体	葡萄透翅蛾、叶蝉、斑衣蜡蝉等	1 000～1 500倍液，喷雾	15	2
灭幼脲	25%悬浮剂	葡萄透翅蛾、叶蝉、斑衣蜡蝉等	2 000倍液，喷雾	15	2
辛硫磷	50%乳油	葡萄透翅蛾、叶蝉、斑衣蜡蝉等	1 500～2 000倍液，喷雾	30	2
氯氰菊酯	10%乳油	葡萄透翅蛾、叶蝉、斑衣蜡蝉等	2 000～4 000倍液，喷雾	21	2
四螨嗪	20%悬浮剂	锈壁虱、短须螨等	1 600～2 000倍液，喷雾	30	2
三唑锡	25%可湿性粉剂	锈壁虱、短须螨等	1 000～1 500倍液，喷雾	21	2
波尔多液	配制或制剂	霜霉病、炭疽病、黑痘病	1∶0.5～0.7∶200～240	7	3
代森锰锌	80%可湿性粉剂	霜霉病、炭疽病、黑痘病害	600～800倍液，喷雾	15	3
甲霜灵	25%可湿性粉剂	霜霉病	200～400倍液，喷雾	15	3

（续）

农药名称	剂　型	主要防治对象	使用方法	最小安全间隔期（天）	最多使用次数
波尔多粉＋代森锰锌	78%可湿性粉剂	霜霉病、炭疽病、黑痘病、白腐病、灰霉病等	600～800 倍液，喷雾	15	3
甲霜灵＋代森锰锌	58%可湿性粉剂	霜霉病	600 倍液，喷雾	21	2
烯酰吗啉＋代森锰锌	69%水分散粒剂或可湿性粉剂	霜霉病	600～800 倍液，喷雾	15	2
霜脲氰＋代森锰锌	72%可湿性粉剂	霜霉病	600倍，喷雾	15	2
氢氧化铜	77%可湿性粉剂	霜霉病、炭疽病等	600～800 倍液，喷雾	15	3
松脂酸铜	12%乳油	霜霉病、黑痘病	210～250 克/亩	7	3
乙磷铝	40%可湿性粉剂	霜霉病	400 ～ 600 倍液	15	2
石硫合剂	熬制或45%晶体	黑痘病、白粉病、毛毡病、介壳虫等	发芽前 3～5 波美度，发芽后 0.1～0.2 波美度；200 倍液，喷雾	15	2
多菌灵	25% 或 50%可湿性粉剂	炭疽病、黑痘病、白腐病、灰霉病等	500～1 000 倍液，喷雾	30	2
多菌灵＋井冈霉素	28% 悬浮剂	霜霉病、白腐病等	600～800 倍液，喷雾	7	2
多氧霉素	10%可湿性粉剂	灰霉病等	200～300 倍液，喷雾	7	2
乙烯菌核利	50%可湿性粉剂	灰霉病等	75～100 克/亩	7	2

（续）

农药名称	剂　型	主要防治对象	使用方法	最小安全间隔期（天）	最多使用次数
腐霉利	50%可湿性粉剂	灰霉病等	1 500～2 000倍液，喷雾	14	2
异菌脲	50%可湿性粉剂	灰霉病等	1 000～1 500倍液，喷雾	10	2
甲基硫菌灵	70%可湿性粉剂	炭疽病、黑痘病、白腐病、灰霉病	800～1 000倍液，喷雾	21	2
亚胺唑	15%可湿性粉剂	黑痘病等	800～1 000倍液，喷雾	21	2
百菌清	75%粉剂	黑痘病、白粉病等	600～700倍液，喷雾	10	2
农抗120	2%或4%水剂	白粉病、锈病	300～600倍液，喷雾	15	2

（四）科学使用农药

1. 购买农药，看清标签　不要购买和使用标签模糊不清、证号不全、没有中文通用名的农药。国内生产和进口国内分装的农药要有3个证号：农药登记证号、生产批准证号和产品标准号（国外直接进口农药只有农药登记证号）。

2. 喷洒农药，注意天气　应在无雨、3级风以下天气喷施农药，不能逆风进行。夏季高温季节喷施农药，要在10时前和15时后进行，中午不能喷药。施药人员每天喷药时间一般不超过6小时。

3. 适期用药，避免残留　农药安全间隔期是指最后一次施药至作物收获时的间隔天数。施用农药前，必须了解所用农药的安全间隔期，保证农产品采收上市时农药残留不超标。

4. 合理混用，交替用药　将两种或两种以上含有不同有效

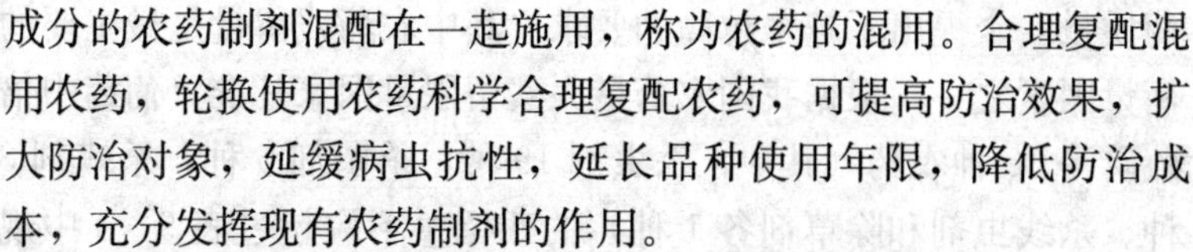

成分的农药制剂混配在一起施用，称为农药的混用。合理复配混用农药，轮换使用农药科学合理复配农药，可提高防治效果，扩大防治对象，延缓病虫抗性，延长品种使用年限，降低防治成本，充分发挥现有农药制剂的作用。

目前农药复配混用有两种方法：一种是农药生产者把两种以上的农药原药混配加工，制成不同制剂，实行商品化生产，投入市场。以应用于葡萄病害的杀菌剂为例，甲霜灵·锰锌是防治霜霉病的良药，此药是内吸性杀菌剂，既有保护作用，又有治疗作用。施药后甲霜灵立即进入植物体内杀死病菌，锰锌残留表面，病菌不能再侵入。另一种是使用者根据当时当地发生病虫的实际需要，把两种以上的农药现场现混现用，如杀虫剂加增效剂、杀菌剂加杀虫剂等。值得注意的是，农药复配虽然可产生很大的经济效益，但切不可任意组合，盲目地搞“二合一”、“三合一”。田间现混现用应坚持先试验后混用的原则，否则不仅起不到增效作用，还可能产生增加毒性、增强病虫抗药性等不良作用。

农药混用必须掌握3个原则：一是必须确保混用后化学性质稳定；二是必须确保混用后药液的物理性状良好；三是必须确保混用后不产生药害等副作用。

与此同时，农药混用要掌握5项技术：一是农药混用时，要严格按照农药使用说明书规定的要求去做；二是农药混用时品种类型一般不超过3种，否则发生相互作用的可能性会大大增加，失效或药害的风险也增加；三是先做混用试验，经认真观察确定没有不正常现象、经试验也不会出现药害时，这种混配农药才能在田间使用；四是正确掌握农药混用的程序和方法；五是农药混用应现配现用。

四、农药残留

随着经济的快速发展和人们生活水平的不断提高，市场对葡萄质量安全提出了越来越高的要求。其中农药残留量是最主要的衡量因素之一。根据我国农药最大残留限量国家标准，葡萄中倍硫磷等30种农药（其中，杀虫剂19种，杀菌剂6种，杀螨剂3种、杀线虫剂和除草剂各1种）的残留量不应超过表9-3中规定的最大限值。这些限量均不是针对葡萄专门制定的，多数是为所有水果制定的统一限量。

表9-3 我国葡萄安全生产农药残留国家标准

农药名称	英文名称	最大残留量（毫克/千克）	农药名称	英文名称	最大残留量（毫克/千克）
倍硫磷	fenthion	0.05	氰戊菊酯	fenvalerate	0.2
滴滴涕	DDT	不得检出	杀螟硫磷	fenitrothion	0.5
敌百虫	trichlorfon	0.1	辛硫磷	phoxim	0.05
敌敌畏	dichlorvos	0.2	溴氰菊酯	deltamethrin	0.1
二嗪磷	diazinon	0.5	亚胺硫磷	phosmet	0.5
对硫磷	parathion	不得检出	乙酰甲胺磷	acephate	0.5
氟氰戊菊酯	flucythrinate	0.5	百菌清	chlorothalonil	1
甲胺磷	methamidophos	不得检出	多菌灵	carbendazim	0.5
甲拌磷	phorate	不得检出	三唑酮	triadimefon	0.2
甲萘威	carbaryl	2.5	克菌丹	captan	15
抗蚜威	pirimicarb	0.5	甲霜灵	matalacyl	1
乐果	dimethoate	1	代森锰锌	mancozeb	5
六六六	HCH	不得检出	四螨嗪	clofentezine	1
氯菊酯	permethrin	2	呋喃丹	carbofuran	不得检出
马拉硫磷	malathion	不得检出	草甘膦	glyphosate	0.1

目前我国葡萄生产中农药用量有逐年增加的趋势，面对这种形势，生产者在生产中应当做到以下几点：①合理施肥，控制果

园积水，能够使葡萄营养吸收均衡，生长健壮，树势增强，能够有效地减少病虫害的发生。②合理修剪保证果园通风透光良好，控制果园产量，防止果树营养积累不足引发病虫害。③病虫害以预防为主，需要给果园打药时要选择国家安全生产规定范围内的农药，并控制用量，杜绝国家违禁药物应用到生产中。同时作为政府相关部门管理者要做到以下几点：①建立严格的药物监管机制，杜绝国外淘汰或禁用的药物流入我国市场。②建立健全的农产品质量认证体系，以无公害农产品生产基地认定和标示认证为基础，积极推行GMP（良好生产规范）、HACCP（危害分析与关键控制点）、ISO 9000系列标准（质量管理和环境保证体系系列标准）认证和管理工作。③建立健全市场食品安全性的检验制度，加强执法，保障人民健康消费。

五、葡萄重要病、虫、草害的发生与防治

（一）葡萄重要病害的症状及防治措施

1. 葡萄霜霉病　葡萄霜霉病是一种世界性的葡萄病害，在葡萄生长季节多雨潮湿、暖和的地区发生较为严重，常造成葡萄早期落叶，损失为害大。

（1）病状。葡萄霜霉病主要为害叶片、新梢和幼果。叶片被害处先产生边缘不清的淡黄褐色水渍状小斑，病斑逐渐扩大成不规则形或略成圆形的黄褐大斑，直径可达13厘米，病斑边缘界限不清，多病斑相连可成大斑，湿度大时病斑背面产生灰白色，似霜状霉层，干旱年份大气湿度小时不产生霜状霉层。病斑成红褐色或黄褐色，严重时病斑及病斑外侧叶干枯或整叶干枯，并导致脱落（图9-1）。新梢受害处生出水渍状褐色斑，严重时新梢扭曲，停止生长甚至枯死，湿度大时病斑上产生霜状霉层。卷须、叶柄和穗轴也能被害。幼果受害后产生水渍状淡褐色斑，湿度大时幼果和果穗生灰白色霉层，秋季二次果受害较重。果实着

色后受害较轻。

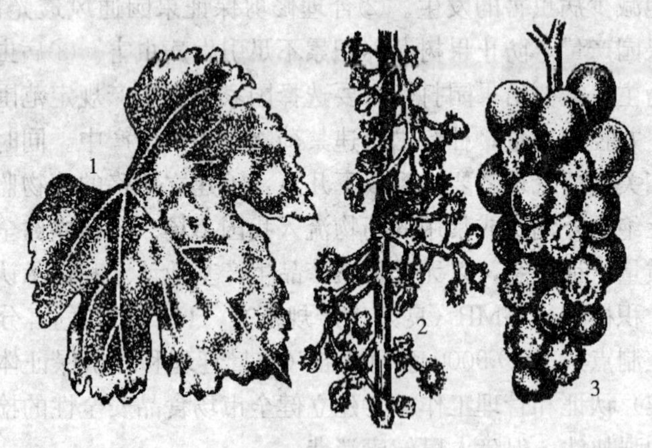

图 9-1　葡萄霜霉病病叶
（才淑英等，1997）

葡萄霜霉病发病规律：

第一，每年导致霜霉病发生的病原菌首先来源于上一年的病残体（病叶、病梢、病果），因此，搞好田间卫生是较好的防治措施。

第二，水是霜霉病发生的必需因素，有水才能使霜霉病原菌萌发，才能发生霜霉病。因此，在有水存在（雨水、雾、露等）之前，是预防霜霉病的重要时期。

第三，病原菌是从气孔侵入的，施用药剂应该用在气孔周围最合适，尤其是保护性杀菌剂。因此，施用药剂要以叶片为重点，叶片背面是重点中的重点，而且要尽可能做到均匀、周到。

（2）防治方法。任何降低湿度和水分、减少病原的措施，都能减少或降低霜霉病的发生或发生几率，包括完善的排涝体系、清园措施和田间卫生（处理落叶和病残组织）、加强田间管理（合理叶幕，通风透光性良好，夏季控制副梢量等）等具体措施。

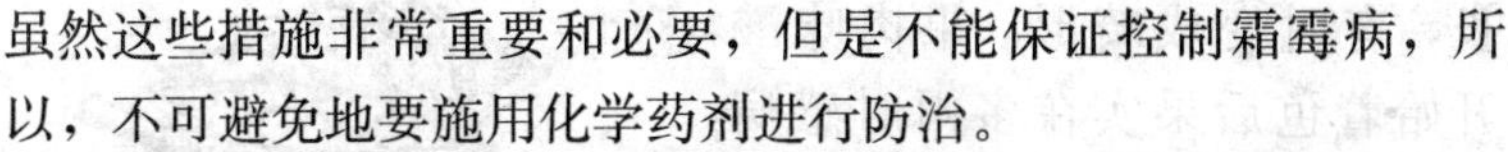

虽然这些措施非常重要和必要，但是不能保证控制霜霉病，所以，不可避免地要施用化学药剂进行防治。

搞好田间卫生、栽培上的降低湿度措施、雨季和湿度较大的时期的规范防治，是防治、控制霜霉病根本方法。具体措施为：

第一，搞好田间卫生。秋季或冬季修剪后，把枯枝、修剪下的枝条、烂叶、落叶收集到一起，发酵堆肥（或用其他方法处理）。最重要的是，不要把病叶碎落在田间。

第二，雨季要进行规范防治，即 10 天左右施用 1 次杀菌剂，一般以保护性杀菌剂为主。

第三，霜霉病发病初期，一般先形成发病中心。对发病中心重点防治。

第四，根据地域和气候的情况，确定化学防治的时期、策略和重点。冬季雨雪比较多的地区，尤其是冬季雨雪多、春季雨水多或湿润的地区或年份，要注意发芽后和花前花后的防治。一般情况下，应注意雨季、立秋前后的防治。

第五，喷洒药剂要均匀、周到，尤其是施用保护性药剂时。喷药的重点部位是叶片的背面，但同时要注意在开花前后务必喷洒花序、果穗。

第六，在北方葡萄产区的立秋前后，或发现霜霉病时，应施用 2～3 次内吸性杀菌剂。内吸性杀菌剂要与保护性杀菌剂混合或交替施用。

2. 葡萄白粉病

（1）症状。该病主要为害叶片、枝梢及果实等部位，以幼嫩组织最敏感。葡萄展叶期叶片正面产生大小不等的不规则形黄色或褪绿色小斑块，病斑正反面均可见有一层白色粉状物，粉斑下叶表面呈褐色花斑，严重时全叶枯焦；新梢和果梗及穗轴初期表面产生不规则灰白色粉斑，后期粉斑下面形成雪花状或不规则的褐斑，可使穗轴、果梗变脆，枝梢生长受阻；幼果先出现褐绿斑块，果面出现星芒状花纹，其上覆盖一层白粉状物，病果停止生长，有时变成畸形，果肉味酸，开始着色后果实在多雨时感病，病处裂开，后腐烂（图9-2）。

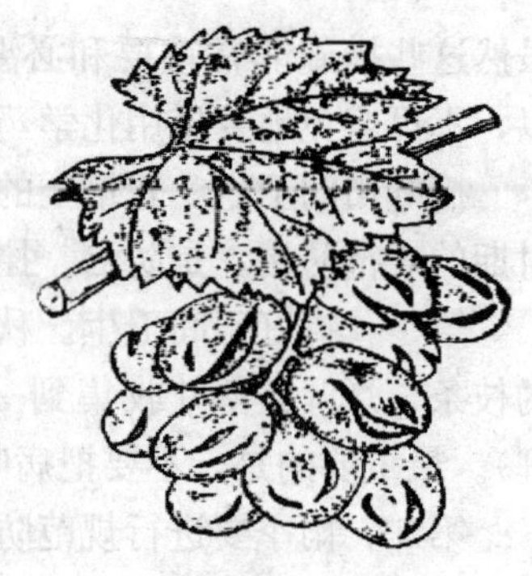

图9-2　葡萄白粉病病叶和病果
（司祥麟等，1991）

（2）防治方法。

①减少越冬病原菌的数量，是防治白粉病、控制白粉病为害的基础。

包括三方面的措施：第一，田间卫生，也就是对感病组织（枝条、叶、果穗、卷须）的清理；第二，发芽前、发芽后的防治措施，杀灭越冬菌原；第三，处理病芽、病梢，就是结合田间操作，去除病芽、病梢。

②开花前后，结合其他病虫害的防治，施用药剂，控制白粉病流行的病原菌数量。在有利于白粉病发生的地区（或设施栽培葡萄园），开花前、后是控制白粉病流行的关键时期，应施用药剂控制白粉病病原菌的数量。

③果实生长的中后期，对田间白粉病的发生情况进行监测。当白粉病发生比较普遍，或可能对生产造成影响时，施用药剂，控制为害。

（3）葡萄白粉病发生后的救治措施。全园施用50%保倍3 000倍液+20%苯醚甲环唑3 000倍液，此后5天左右，用10%美铵600倍液或50%保倍福美双1 500倍液跟进一次即可，效果非常好；也可以按如下用药：20%苯醚甲环唑2 000倍液+50%保倍福美双1 500倍液全园施用，此后5天左右，再施用10%美铵600倍液（或50%保倍3 000倍液+80%戊唑醇8 000倍液），效果也很好，成本相对较低。

3. 葡萄炭疽病

（1）症状。炭疽病主要侵害着色后的果实，也能为害果梗及穗轴。果实被害，初在果面产生针头大褐色圆形的小斑点，后来斑点逐渐扩大，并凹陷，在表面逐渐长出轮纹状排列的小黑点，这是病菌的分生孢子盘。当天气潮湿时，病斑上长出粉红色黏质物，即病菌的分生孢子团块。发病严重时，病斑可以扩展到半个或整个果面，后期感病，果粒软腐，易脱落，或逐渐失水干缩成为僵果（图9-3）。有些品种的症状则稍有不同，幼果表面不产生明显症状，病菌只是潜伏着，至穗粒将要上色成熟时才呈现网状褐色的不规则病斑，病斑无明显边缘，但到后来感病果粒也干枯而失去经济价值。这种症状以玫瑰香表现最为明显。发生不同的症状可能与品种的抗病性有关。果梗及穗轴发病，产生暗褐色长圆形凹陷病斑，影响果穗生长，发病严重时使全穗果粒干枯或脱落。

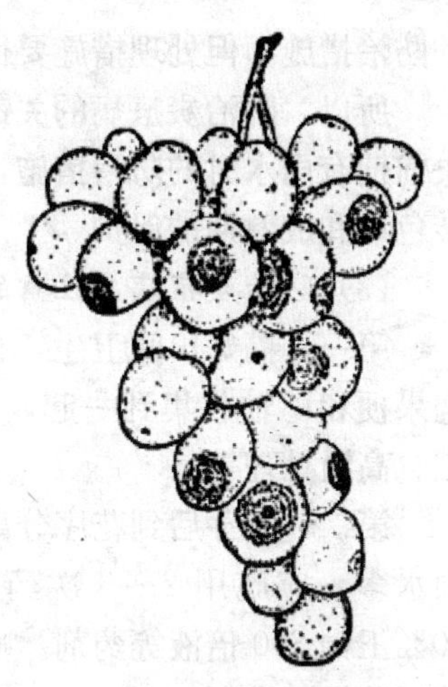

图9-3　葡萄炭疽病症状
（吴景敬，1962）

（2）*防治方法*。田间卫生是防治炭疽病的基础。具体做法就是把修剪下的枝条、卷须、叶片、病穗和病粒，清理出果园，统一处理，不能让它们遗留在田间。这种工作会大大减少田间越冬的病原菌数量，是防治炭疽病的第一个关键。

如果田间卫生比较彻底，那么结果母枝就是唯一的带病体。阻止“结果母枝”分生孢子的产生和传播，是防治炭疽病的第二个关键。首先，阻止病原菌侵染当年的绿色部分，包括枝条、卷须、叶柄等；其次，对落花前、后的果穗、果粒提供特殊的保护和把传播到果粒上的分生孢子杀灭。具体就是花前、花后规范施用杀菌剂，尤其是开花前后有雨水的葡萄种植区。

对于套袋栽培的葡萄，套袋前对果穗进行处理，是非常有效的防治措施，但处理措施要彻底到位。

所以，防治炭疽病的关键是：在田间卫生的基础上，重点解决前期有雨水时的防治措施，而后注意套袋前的处理，还要注意转色期和成熟期的保护。

（3）防治炭疽病应注意的关键点。

第一，搞好田间卫生，把修剪下来的枝条、叶片、病果粒、病果梗和穗轴收集到一起，清理出田间，集中处理（如发酵堆肥、高温处理等）。

第二，发芽后到花序分离，应根据降水情况施用药剂。如果雨水多，应施用2～3次药剂，可以选择80%必备800倍液、30%王铜800倍液等药剂。喷药重点部位是结果母枝，其次是新梢、叶柄、卷须。

第三，开花前、落花后至套袋前，结合防治其他病害进行规范防治，是防治炭疽病的最关键措施。可以根据降水情况，调整规范性防治措施。

例如，开花前的规范措施：花序分离施用50%保倍福美双1 500倍液、开花前施用50%保倍福美双1 500倍液＋70%甲基硫菌灵800～1 000倍液，在防治其他病害的同时可以很好地防治炭疽病。又如，套袋前，用合适的药剂（例如50%抑霉唑3 000倍液、50%保倍水分散粒剂3 000倍液、20%苯醚甲环唑水分散粒剂3 000倍液）处理果穗，是套袋葡萄的关键措施。

第四，转色期和成熟期，严格监测、适时保护。药剂以保倍福美双、万保露、必备、美铵、波尔多液为主；套袋葡萄以必备、波尔多液、王铜为主；不套袋葡萄以保倍福美双、万保露、美铵、必备为主。

4. 葡萄白腐病

（1）症状。葡萄白腐病俗称“水烂”或“穗烂”，是华北、黄河故道及陕西关中等地经常发生的一种重要病菌，在多雨年份常和炭疽病并发流行，造成很大损失。葡萄白腐病又称为腐烂病，是严重影响葡萄产量的重要病害，在7～9月高温多雨期最易发生。该病主要为害果穗，也为害枝蔓和叶片。发病先从离地面较近的穗轴或小果梗开始，先出现淡褐色不规则水渍状病斑，逐渐蔓延到果粒。果粒发病后约1周，病果由褐色变为深褐色，果实软腐，果皮下密生灰白色略突起的小点（即病菌的分生孢子器，白腐病以此得名），以后病果逐渐失水干缩成僵果（图9-4）。病果在软腐时极易脱落，僵果不易脱落。叶片发病，先从叶尖、叶缘开始，形成淡褐色有同心轮纹的大斑。

图9-4　葡萄白腐病病果、病叶和病枝
（司祥麟等，1991）

（2）防治方法。减少白腐病病原数量是防治白腐病的基础。具体做法就是把病穗、病粒、病枝蔓、病叶带出果园，统一处理，不能让它们遗留在田间。这种工作是日常性的、长期的，必须坚持执行。

阻止分生孢子的传播，是防治白腐病的关键。首先，不让白腐病的分生孢子传播到葡萄树上，尤其是果穗上，包括：出土上架后或发芽前，施用药剂杀灭枝蔓上的病原菌；采用高架栽培（如棚架）；阻止尘土飞溅、飞扬（例如葡萄园种草、覆草栽培等）。其次，对果穗提供特殊的保护、把传播到果穗上的分生孢子杀灭，具体做法就是在花前、花后规范施用杀菌剂。再次，特殊天气状况（冰雹、暴风雨）后，及时喷洒药剂，出现冰雹后必须进行针对性的处理。

因为病原菌的来源是土壤，可以处理土壤减少白腐病的发生。例如施用50%福美双：1份福美双配20～50份细土，搅拌均匀后，均匀撒在葡萄园地表，也可以重点在葡萄植株周围施用。土壤处理成本高、效果有限，不推荐施用。但是，在栽种葡萄前，针对土壤中的微生物、线虫等，进行土壤处理，是成熟的防治措施之一。

（3）防治白腐病应注意的关键点。

第一，要搞好田间卫生，把病果粒、病果梗和穗轴、病枝条收集到一起，清理出田间，集中处理（如发酵堆肥、高温处理等）。

第二，出土上架后，对枝蔓进行药剂处理。以前，习惯上施用五氯酚钠＋石硫合剂。因五氯酚钠（含致癌物）已被禁用，所以建议如下：干旱地区施用石硫合剂；发芽前后雨水多的地区或年份，芽前施用80%必备400倍液或50%保倍福美双1 000倍液，也可以芽前施用保倍福美双或福美双，芽后施用必备；白腐病发生比较重的地区或地块，芽前施用保倍福美双或福美双，芽后施用1次氟硅唑或戊唑醇，3～6叶期施用1次必备600倍液。

第三，落花后至封穗前的规范防治。一般情况下，落花后至封穗前对于很多病害是关键性防治时期。在这一时期，规范保护也是防治白腐病的关键，要结合施用1～2次内吸性杀菌剂。套袋葡萄，套袋前一般施用3次左右杀菌剂。

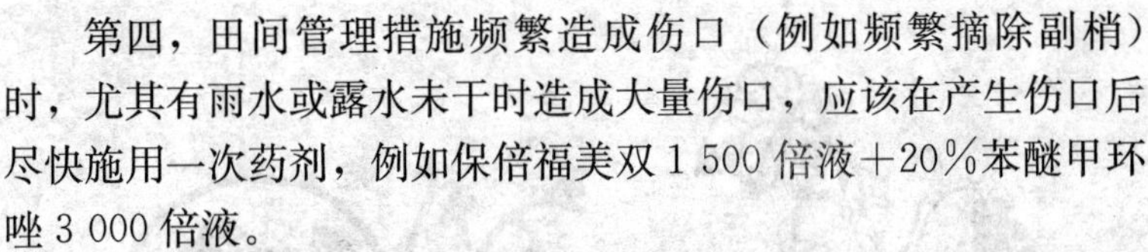

第四，田间管理措施频繁造成伤口（例如频繁摘除副梢）时，尤其有雨水或露水未干时造成大量伤口，应该在产生伤口后尽快施用一次药剂，例如保倍福美双 1 500 倍液＋20％苯醚甲环唑 3 000 倍液。

第五，特殊天气（冰雹、暴风雨）后的紧急处理。出现特殊天气，必须喷洒药剂。12 小时左右以内，施用保护性杀菌剂保倍福美双；18 小时以后，可以施用保护性＋内吸性药剂。

第六，发现白腐病后的处理。如果果园普遍出现白腐病，首先剪除病粒、病穗等，而后用药剂处理整理后的果穗。

此外，避免氮肥过量。氮肥过量会导致葡萄对白腐病等多种病害的敏感性增强，增大发生的可能性（或增加为害程度）。

5. 葡萄灰霉病

（1）症状。葡萄灰霉病为害花穗和果实，有时也为害叶片和新梢。花穗多在开花前发病，花序受害初期似被热水烫状，呈暗褐色，病组织软腐，表面密生灰色霉层，被害花序萎蔫，幼果极易脱落；果梗感病后呈黑褐色，有时病斑上产生黑色块状的菌核；果实在近成熟期感病，先产生淡褐色凹陷病斑，很快蔓延全果，使果实腐烂；发病严重时新梢叶片也能感病，产生不规则的褐色病斑，病斑有时出现不规则轮纹（图 9－5）；贮藏期如受病菌侵染，浆果变色、腐烂，有时在果梗表面产生黑色菌核。

（2）综合防治。对于抗性比较强的品种，一般主张以栽培防治为主；但对于抗灰霉病比较弱的品种，必须是栽培农业技术防治和化学防治相结合（或配合），还要与其他措施进行配合。

第一，搞好田间卫生，把病果粒、病果梗和穗轴、病枝条收集到一起，清理出园，集中处理（如发酵堆肥、高温处理等）。

第二，根据国内外的研究成果和实践经验，防治灰霉病有以下几个关键时期：花序分离期，谢花的后期至幼果形成开始，封穗前，开始成熟，果实采收前的 20 天左右。

具体到如何施用药剂，要根据具体情况（品种、气候、以前

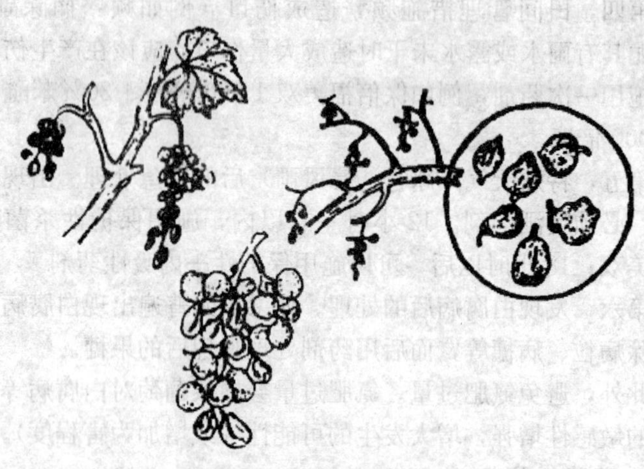

图 9-5 葡萄灰霉病症状
（司祥麟等，1991）

的防治措施和情况、用药历史等）而定。

在国外，已经研究出一个防治葡萄灰霉病的数据模型。根据灰霉病的田间动态（随气象条件、品种、栽培措施而变化，测定田间菌势和孢子数量），计算出任何时期的风险，给出施用化学药剂的最合适时期。

第三，合适和配套的栽培技术措施。

（3）*灰霉病发生后的救灾措施。*花前花后有雨水或田间潮湿的葡萄园，花序分离期可以施用40%嘧霉胺1 000倍液+50%保倍福美双1 500倍液；开花前，再施用50%保倍福美双1 500倍液+50%腐霉利1 000倍液（或+70%甲基硫菌灵800倍液）。如果这两次药没用好，花期出现烂花序情况，尽可能选择晴天的午后用药，用50%抑霉唑3 000倍液+50%保倍3 000倍液喷花序，80%落花后再加强灰霉病的防治。

套袋葡萄的花后到套袋前必须有针对灰霉病的措施，因为套袋后，果袋内湿度较大，只要有病原菌，就会导致灰霉病的发生，病害发生后，不易被发现，即使发现，处理也较困难。对不易感病的品种，如巨峰等，花后施用1～2次防治灰霉病的药剂，或套袋前处理果穗时选用较好的防治灰霉病的药剂即可。对较易感病品种，不但开花前要有措施防止花序染病，花后也要高度警惕灰霉病，套袋前最好用50%保倍3 000倍液+20%苯醚甲环唑3 000倍液+50%抑霉唑3 000倍液（根据病害压力酌情选用1～3种）蘸穗。若不能蘸穗，且喷药又喷不到果穗内部时，最好在花后至套袋前全园施用1～2次（或2～3次）防治灰霉病的药剂，套袋前再按上面的药喷果穗。

套袋葡萄套袋后发生灰霉病：感病稍重的果穗，已没有挽救的价值。感病较轻的果穗，先剪除病粒，再用50%抑霉唑3 000倍液+50%保倍3 000倍液处理果穗，等果穗全干后，换新袋子套上。即使如此，也很难保证完全解决灰霉病，因为此时果穗体积较大，药很难喷进果穗内部，再加上药液吸收到果粒内部后浓度降低，就更难彻底解决了。

6. 葡萄褐斑病

（1）症状。又称斑点病、褐点病、叶斑病和角斑病等。褐斑病有大褐斑和小褐斑两种，主要为害中、下部叶片，病斑直径3～10毫米的为大褐斑病，其症状因种或品种不同而异。病斑小，直径2～3毫米的是小褐斑病，大小一致，叶片上现褐色小斑，中部颜色稍浅，潮湿时病斑背面生灰黑色霉层，严重时一张叶片上生有数十至上百个病斑致叶片枯黄早落（图9-6）。有

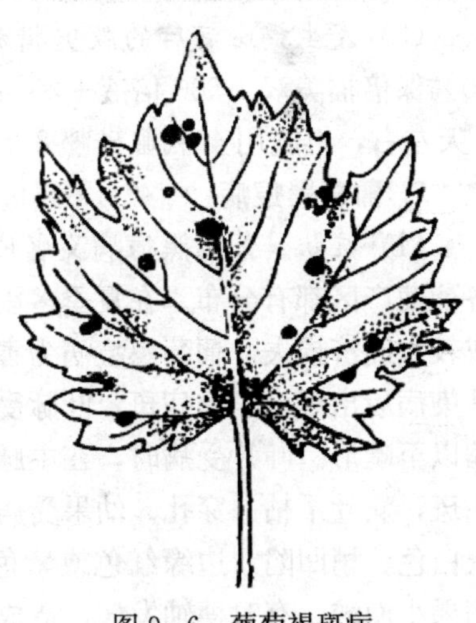

图9-6　葡萄褐斑病

（司祥麟等，1991）

时大、小褐斑病同时发生在一张叶片上，加速病叶枯黄脱落。

(2) 防治褐斑病的关键措施。

第一，清理田间落叶。

第二，封穗期前后的措施。封穗期前后，是防治褐斑病的关键时期，如果防治得当，会对阻止褐斑病为害起关键作用。因为褐斑病主要为害老叶，这时有足够的老叶，防治不当会造成大量的病原菌积累，成为后期大爆发的条件和基础。这一时期，也是很多病害发生和防治的关键期，要综合考虑其他病害的防治，施用三唑类治疗剂+保护剂 2～3 次。

第三，果实采收后的防治。葡萄生长的后期和采收后，有大量的老叶，如果遇到雨水充足，就会造成病害流行、为害严重。所以，采收后必须施用药剂防治。一般施用 80％必备 800 倍液，或 30％王铜 800 倍液，或波尔多液等铜制剂。

第四，注意喷药位置。由于病害一般从植株下部叶片开始发生，以后逐渐向上蔓延，因此喷药要着重喷基部叶片；由于病原菌是从叶背面气孔侵入，故喷药时要重点喷叶背面。

(3) 发生褐斑病后的救灾措施。发生褐斑病后，马上施用 50％保倍福美双 1 500 倍液＋20％苯醚甲环唑 3 000 倍液，此后 5 天左右，再施用 40％氟硅唑 8 000 倍液，之后正常管理。

7. 葡萄黑痘病

(1) 症状。葡萄黑痘病又名疮痂病，俗称“鸟眼病”，我国各葡萄产区都有分布。在夏季多雨潮湿的地区，发病甚重，常造成较大经济损失。葡萄黑痘病为害果实、果梗、叶片及新梢。幼叶染病后出现多角形病斑，叶脉受病部分停止生长，造成叶片皱缩以至畸形。叶片受病时，在主脉上生有淡黄色逐渐变成灰白色病斑，病叶干枯并穿孔。幼果受病出现褐色病斑，以后中间变成灰白色、稍凹陷、边缘红色或紫色，呈鸟眼状，后期病斑龟裂，病果小而酸。有时穗轴发病，造成全穗发育不良，甚至枯死（图 9-7）。

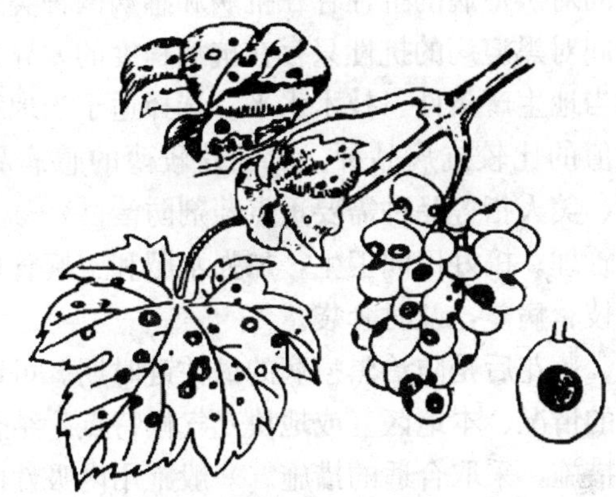

图 9-7　葡萄黑痘病病叶和病果
（司祥麟等，1991）

（2）防治方法。防治葡萄黑痘病应采取减少菌源，选择抗病品种，加强田间管理及配合药剂防治的综合措施。

①苗木消毒。由于黑痘病的远距离传播主要通过带病原菌的苗木或种条，因此，应选择无病苗木和种条，或进行苗木和插条消毒处理。常用的消毒剂有：10%～15%的硫酸铵溶液；3%～5%的硫酸铜液；硫酸亚铁硫酸液（10%的硫酸亚铁+1%的粗硫酸）；3～5 波美度石硫合剂等。方法是将苗木或插条在上述任一种药液中浸泡 3～5 分钟取出即可定植或育苗。

②彻底清园。黑痘病的初侵染主要来自病残体上的越冬菌源，因此，必须仔细做好清园工作，以减少初侵染的菌原数量。冬季进行修剪时，剪除病枝及残存的病果，刮除病、老树皮，彻底清除果园内的枯枝、落叶、烂果等，并集中烧毁。再用铲除剂喷布树体及树干四周的地面。常用的铲除剂有：3～5 波美度石硫合剂、45%晶体石硫合剂 30 倍液、10%硫酸亚铁+1%粗硫酸。喷药时期以葡萄芽鳞膨大，尚未出现绿色组织时为好。过晚喷洒易发生药害，过早效果较差。

③利用抗病品种。不同品种对黑痘病的抗性差异显著，欧亚

种葡萄品种间对黑痘病的抗性存在抗病和感病两种类型。欧美杂种葡萄品种间对黑痘病的抗性只存在抗病程度的差异。葡萄园定植前应考虑当地生产条件、技术水平，选择适于当地种植，具有较高商品价值的比较抗病品种。对叶片较薄的感病品种如红地球、黑大粒、美人指等品种需要重点药剂防治。

④加强管理。搞好田间卫生，加强水肥和土壤管理，及时整枝和清理病枝、病蔓，及时套袋。

开花前、落花后是防治黑痘病的最关键时期。可以根据去年黑痘病发生的情况、本地区（或地块）气候特点，结合防治其他病害的防治措施，采取合适的措施。一般施用内吸性的药剂，例如20%苯醚甲环唑、40%氟硅唑、80%戊唑醇、70%甲基硫菌灵等。

雨季的新梢、新叶比较多，容易造成黑痘病的流行，应根据品种和果园的具体情况采取措施。一般以保护剂，如80%必备、50%保倍福美双、波尔多液、30%王铜等为主，结合内吸性药剂，如20%苯醚甲环唑、40%氟硅唑等。

（二）葡萄重要虫害的发生与防治

1. 葡萄根瘤蚜

（1）*防治方法*。防治上，首先是严格检疫措施，防止此虫的传播；其次是苗木调运前和栽种前，进行消毒处理；再者是疫区以采用栽种抗虫砧木嫁接苗，结合药剂防治等综合措施。此外，沙土地对葡萄根瘤蚜生长不利，疫区的沙土地育苗是防治方法之一。

（2）*苗木、种条的消毒方法*。

①有机磷农药消毒。辛硫磷处理：用40%辛硫磷800～1 000倍液浸泡枝条或苗木15分钟，捞出晾干后调运（调运前或苗木调运到目的地后处理后栽种）。敌敌畏处理：用80%敌敌畏600～800倍液浸泡枝条或苗木15分钟，捞出晾干后调运（调运

前或苗木调运到目的地后处理后栽种）。

②溴甲烷熏蒸处理。在20～30℃的条件下，每立方米的施用剂量为30克左右，熏蒸3～5小时，有条件的可用电扇或其他通风设备增加熏蒸时的气体流动。温度低的条件下可以提高施用剂量；相反，则减少剂量。

③温水处理。用52～54℃温度的水浸泡枝条、根系5分钟。最好先在43～45℃的水中浸泡20～30分钟，然后再用52～54℃水处理。

2. 绿盲蝽　绿盲蝽的天敌很多，捕食性天敌有蜘蛛、姬猎蝽、草蛉、花蝽等。清理越冬场所；在葡萄越冬前（北方葡萄埋土前），清除枝蔓上的老树皮、剪除有卵的剪口、枯枝等；及时清理葡萄园周围棉田中的棉柴、棉叶等，清理田埂、沟边、路边的杂草，刮除四周果树的老树皮，剪除枯枝集中销毁；果树生长期间及时清除田内外杂草，及时夏剪和摘心，消灭其中潜伏的幼虫和卵等措施均可降低绿盲蝽的虫源基数。

常用的药剂有：狂刺、联苯菊酯、吡虫啉、啶虫脒、溴氰菊酯、马拉硫磷、高效氯氰菊酯等。连喷2～3次，间隔7～10天。喷药一定要细致周到，对树干、地上杂草、行间作物要全面喷药，注意树上树下，喷完、喷全，以达到较好的防治效果。

3. 毛毡病　由于葡萄插条能传播瘿螨，因此，从有葡萄瘿螨的地区引进苗木，首先要进行温汤消毒，将苗木或插条首先放在30～40℃温水里浸5～7分钟，然后捞出再放在50℃温水里浸5～7分钟，可杀死潜伏的瘿螨。其次是清洁葡萄园：在生长季节若发现有被害叶片时，要及时摘除，烧毁或深埋，阻止其继续蔓延。冬季修剪下的枝条和落叶、翘皮等，及时销毁掉。化学防治在早春葡萄芽膨大吐绒时，用3～5波美度的石硫合剂（加0.3%洗衣粉），喷施一定要注意均匀周到；若历年发生均较重，可在发芽后用0.3～0.5波美度的石硫合剂喷施。在葡萄瘿螨发生高峰期可用阿维菌素、联苯菊酯或专门的杀螨剂。

4. 介壳虫

（1）东方盔蚧。葡萄园防治时注意不要采用带虫接穗，接穗和苗木出苗圃时要及时采取处理措施。果园周围栽植防风林时，不要栽植刺槐等树木。其次是注意冬季清园。冬季埋土防寒前清除枝蔓上的老树皮，减少越冬害虫数量。春季发芽前用3～5度的石硫合剂或3%～5%柴油乳剂均匀周到的喷施，消灭越冬害虫。不用或尽量少用广谱性杀虫剂，以保护和利用天敌。生长季节药剂防治要抓住两个关键时期，一个是4月中下旬虫体开始膨大的时期，一个是5月下旬至6月上旬第一代若虫开始孵化盛期。如果发生严重还要在6月下旬再用一次药剂。常用的药剂有：狂刺、苯氧威、吡虫啉、啶虫脒、杀扑磷、吡蚜酮等。在使用药剂时要尽量做到喷雾均匀周到，如果加用渗透剂，则可提高防治效果。

（2）粉蚧。据资料记载，为害葡萄的粉蚧一共有四类：葡萄粉蚧、康氏粉蚧、长尾粉蚧、暗色粉蚧。这里主要说康氏粉蚧和葡萄粉蚧。

防治上主要注意冬春防治，果实采收后及时清理果园，将虫果、落叶、旧纸袋等收集并集中烧毁或深埋。埋土防寒前或春季出土后，清楚枝蔓上的老树皮，减少越冬害虫数量。春季葡萄发芽前用3～5波美度的石硫合剂或3%～5%的柴油乳剂喷施，消灭越冬卵和若虫。生长季节应抓住各代若虫的孵化盛期。花絮分离到开花前防治第一代若虫的关键时期，也是最重要的一次防治，因此要根据害虫密度适时用药1～2次；套袋前的防治非常重要；套袋后，康氏粉蚧有向袋内转移为害的特点，所以套袋后3～5天是防治康氏粉蚧的第三个最佳时期。所有防治药剂和方法同东方盔蚧。药液一般用内吸性的药剂，比如狂刺、苯氧威、敌敌畏、毒死蜱、啶虫脒、吡虫啉、阿维菌素、杀扑磷、吡蚜酮等。

5. 透翅蛾 葡萄透翅蛾属于鳞翅目，透翅蛾科。除为害葡萄外，还可为害苹果、梨、桃、杏、樱桃等，是我国葡萄上的主要害虫之一。

一般来说，随树龄的增加为害加重。因为成虫喜欢在长势好、枝叶茂盛的植株上产卵，随树龄增加，树干加粗，枝梢生长旺盛，营养丰富，为害加重。而且不同品种，不同生育期为害不一样。从萌芽开始，以开花前和浆果期受害最重，浆果成熟期受害，以后逐渐减轻。减少虫源数量可在冬春季节剪除虫枝。结合冬春季节修剪，剪除虫枝，予以烧毁。春季再检查，发现有不萌发或是萌发后枯萎的，虫枝应予以剪除。生长季节，幼虫蛀入的，发现节间紫红色的先端嫩梢枯死，或是叶片枯萎，或先端叶片边缘干枯的叶片均为受害枝蔓，应予以剪除。7～8 月份，发现有虫粪的大蛀孔，可以用铁丝刺杀或是钩杀。化学防治：药液注射可以用 2.5%联苯菊酯 200 倍液注射，然后用湿泥封口。卵孵化盛期用药剂喷施，一般一年一次就可以很好的防治好，药剂可选择如苯氧威、联苯菊酯等。

（三）葡萄园常用药剂

葡萄园常用药的使用次数、安全间隔期残留限量等见表 9-4。

表 9-4　葡萄园使用的农药

（王忠跃，2009）

通用名称	防治对象	使用次数/生长季	安全间隔期（天）	残留限量（毫克/千克）			
				中国	法典	欧盟	美国
杀菌剂							
波尔多液	霜霉病、炭疽病、黑痘病等	3	10	10			
石硫合剂	黑痘病、白粉病、毛毡病、介壳虫等	3	15				

（续）

通用名称	防治对象	使用次数/生长季	安全间隔期（天）	残留限量（毫克/千克）			
				中国	法典	欧盟	美国
杀菌剂							
多硫化钡	白粉病、锈病、毛毡病						
代森锰锌	霜霉病、炭疽病、白腐病、穗轴褐枯病、黑腐病、褐斑病、黑痘病	3	10	5	5	2	7
代森锌	霜霉病、炭疽病、白腐病、穗轴褐枯病、黑腐病、褐斑病、黑痘病				5		
福美锌	白腐病和炭疽病，对霜霉病也有一定药效	后期谨慎或禁施用		日本5 加拿大7			7
福美双	白腐病和葡萄霜霉病	2	30	0.2		2	
克菌丹	霜霉病、黑痘病、炭疽病、褐斑病			15		0.01	50
嘧菌酯	霜霉病、白腐病、黑痘病、白粉病、黑腐病、穗轴褐枯病	可用于各生长期	7	德国2 日本10		2	1
50%保倍水分散粒剂	同上		按照嘧菌酯执行				
50%保倍福美双WDG	炭疽病、白腐病、灰霉病	可用于各生长期	按照福美双执行				
腈菌唑	白粉病、炭疽病			德国1 日本1	1	1	1
氟硅唑	白腐病、白粉病、黑痘病、黑腐病、炭疽病	2～3叶期、花前、花后	7		0.5		
亚胺唑	黑痘病、白粉病、白腐病、炭疽病		21	日本5			

（续）

通用名称	防治对象	使用次数/生长季	安全间隔期（天）	残留限量（毫克/千克）			
				中国	法典	欧盟	美国
杀　菌　剂							
苯醚甲环唑	炭疽病、黑痘病、白腐病等						
戊唑醇	炭疽病、白腐病、褐斑病		14	德国 2 日本 2			5
己唑醇	白粉病				0.1		
三唑酮	白粉病、白腐病、黑痘病			0.2	0.5	2	1
多菌灵	黑痘病、炭疽病、白腐病、白粉病、灰霉病、穗轴褐枯病、褐斑病	2	30	0.5		2	
甲基硫菌灵	黑痘病、炭疽病、白粉病、灰霉病	不要超过 2 次	30	德国 2，日本 3	10	0.1	5
嘧霉胺	灰霉病		2	21	德国 5，日本 10		5
腐霉利	灰霉病	2	14	5	5	5	5
异菌脲	灰霉病	不超过 2 次	10	德国 10，日本 25	10	10	60
百菌清	白腐病、黑痘病、炭疽病、褐斑病	不超过 4 次	21	1	0.5	1	
甲霜灵	霜霉病	3	21	1	1	2	2
精甲霜灵	防治霜霉病的特效药剂	参考甲霜灵					
双炔酰菌胺	霜霉病						
环酰菌胺	灰霉病		德国 5 日本 20			5	4
啶酰菌胺	白粉病、灰霉病、各种腐烂病、褐腐病和根腐病		澳大利亚 4				3.5

（续）

通用名称	防治对象	使用次数/生长季	安全间隔期（天）	残留限量（毫克/千克）			
				中国	法典	欧盟	美国
杀菌剂							
氯苯嘧啶醇	白粉病、炭疽病、褐斑病、锈病	开花期不能使用	9	德国0.3 日本1		0.2	0.2
嘧菌环胺	灰霉病			德国2，日本5			2
嘧啶核苷类抗菌素	白粉病、霜霉病						
咪鲜胺	炭疽病、黑痘病	使用次数不超过2次	鲜食葡萄50天，酿酒葡萄70天				
烯酰吗啉金科克	控制霜霉病	1				7	
霜脲氰	具有渗透性的霜霉病治疗剂			日本1			
美铵	白粉病、炭疽病	各时期均可使用；最多使用5次	7				
抑霉唑	白粉病、炭疽病	2				2	
杀虫剂							
吡虫啉	斑衣蜡蝉、白粉虱和叶蝉、二斑叶蝉、根瘤蚜、粉蚧	每年每亩使用不超过9.3克	30	加拿大1.5 日本3			1
呋虫胺	粉蚧、白粉虱	有效剂量每亩每季节不超过20克	在采收24小时之内禁止使用	日本10			0.9
噻虫嗪	介壳虫、白粉虱						

（续）

通用名称	防治对象	使用次数/生长季	安全间隔期（天）	残留限量（毫克/千克）			
				中国	法典	欧盟	美国
杀　虫　剂							
啶虫脒	白粉虱、叶蝉、斑衣蜡蝉。花期前后发生的二斑叶蝉及发芽期绿盲蝽	不超过2次	两次使用间隔期为14天，安全间隔期7天	日本5			0.2
敌百虫	绿盲蝽（成虫及若虫）、斑衣蜡蝉	1	28	0.1			
毒死蜱	葡萄透翅蛾		35		1	0.5	
敌敌畏	斑衣蜡蝉（成虫及若虫）、透翅蛾幼虫、葡萄天蛾、葡萄虎蛾幼虫、葡萄酸腐病的醋蝇		7～10	0.2		0.1	
马拉硫磷	蚜虫、粉蚧、叶蝉、叶螨	3	3	不得检出	8	0.5	8
杀螟硫磷	二星叶蝉、透翅蛾、红蜘蛛、蓟马	1	30	0.5	0.5	0.5	
辛硫磷	葡萄斑叶蝉、绿盲蝽、粉虱、二星叶蝉、根瘤蚜、斑衣蜡蝉	1	15	0.05			
二嗪磷	叶蝉、果实上的鳞翅目幼虫、叶螨和蚜虫		28	0.5		0.02	0.75
喹硫磷	透翅蛾幼虫					0.05	
杀扑磷	介壳虫、红蜘蛛、粉蚧、褐园蚧、红蜡蚧、斑衣蜡蝉						
亚胺硫磷	粉蚧、金龟子、十星叶甲、介壳虫、叶蝉、蛾类等害虫		10	日本10	10	2	10

（续）

通用名称	防治对象	使用次数/生长季	安全间隔期（天）	残留限量（毫克/千克）			
				中国	法典	欧盟	美国
杀虫剂							
丁硫克百威	绿盲蝽、金龟子等害虫						
甲萘威	叶蝉、蓟马、绿盲蝽和介壳虫		7	2.5	德国3	0.05	10
联苯菊酯	鳞翅目幼虫、粉虱、蚜虫、潜叶蛾、叶蝉、叶螨等害虫、害螨		30	德国0.2 日本2		0.2	0.2
高效氯氰菊酯	防治叶蝉、绿盲蝽、醋蝇、介壳虫、葡萄透翅蛾		15（桃）	2（桃）；2（柑橘）			
甲氰菊酯	叶螨、绿盲蝽、叶蝉、叶甲、葡萄螟蛾	两次使用间隔期不低于7天，整个生长季最大使用量不超过60克	21		5		
溴氰菊酯	透翅蛾、二星叶蝉、葡萄短须螨和葡萄锈壁虱	2	28	0.1	0.05	0.1	
高效氟氯氰菊酯	绿盲蝽、蓟马和螨类		7				
高效氯氟氰菊酯	葡萄光滑足距小蠹、卷叶蛾、叶蝉、绿盲蝽		7				
茚虫威	防除几乎所有鳞翅目害虫、叶蝉、盲蝽、葡萄长须卷叶蛾	3	8周				
硫丹	根瘤蚜、食心虫、尺蠖、卷叶蛾、介壳虫、叶蝉、毒蛾、天牛、瘿蚊、多种螨类		7	0.5德国 1日本		0.05	2

（续）

通用名称	防治对象	使用次数/生长季	安全间隔期（天）	残留限量（毫克/千克）			
				中国	法典	欧盟	美国
杀虫剂							
噻嗪酮	叶蝉、白粉虱、粉蚧		30天，有些国家对鲜食葡萄的安全间隔期为8周	日本1			0.4
阿维菌素	葡萄短须螨、叶螨、叶蝉、红蜘蛛			日本0.02		0.01	0.02
多杀菌素	葡萄卷叶蛾	最多喷药3次，最小间隔期5天	7	德国0.2 日本0.5			0.5
噻嗪酮	葡萄粉蚧	允许使用2次		日本1			0.4
杀螨剂							
螺螨酯	欧洲红螨（苹果红蜘蛛）、葡萄锈壁虱、二斑叶螨等害螨	1	14	日本5			2
噻螨酮	葡萄瘿螨和葡萄短须螨	2	30		1	德国0.5	0.75
双甲脒	螨类、蚜虫（从其他作物上迁飞的）					0.05	
炔螨特	葡萄瘿螨				10	日本7	10
唑螨酯	葡萄上螨类害虫，对白粉病、霜霉病等有兼治效果	1	14	德国0.5 日本2			1
溴螨酯	叶螨、瘿螨、须螨、线螨等多种害螨		21		2	0.05	
哒螨灵	最多使用次数为2次		10	加拿大0.3 日本2			1.5

（续）

通用名称	防治对象	使用次数/生长季	安全间隔期（天）	残留限量（毫克/千克）			
				中国	法典	欧盟	美国
杀螨剂							
氟虫脲	葡萄短须螨等害螨		30				
四螨嗪	螨虫、锈壁虱、短须螨等	1	30	1	1	0.02	1
苯丁锡	葡萄二斑叶螨	不超过2次	28	日本5	5	2	5
三唑锡	葡萄锈壁虱、葡萄短须螨	不超过2次	30	0.2	0.2		
昆虫生长调节剂							
甲氧虫酰肼	葡萄卷叶蛾		30	日本1			1
除草剂							
莠去津	一年生杂草	2	30				
草甘膦	杂草	2	15	0.1	日本0.2	0.5	0.2

（四）葡萄园草害发生与防治

葡萄园的除草问题多年来困扰葡萄种植者，施用不当造成严重后果，有的还会导致某些病害发生。对于新栽培的果园，和成株期果园有着很大区别。

1. 新栽果园除草问题 新栽果园，因发芽后叶片离地面较近，没有位差选择性，在用除草剂时，葡萄和杂草都会接触到除草剂。所以在选择除草剂时，要选择对葡萄相当较安全的除草剂。最好能在栽苗时，用地膜覆盖，这样可以解决葡萄苗周围的杂草危害问题。在栽苗后盖膜前，可以用24%乙氧氟草醚乳油，喷施在膜下。因乙氧氟草醚只针对一年生由种子萌发的杂草，对多年生的杂草，选择其他方式出去。如果膜下不用除草剂也可

以，即使有草，也很难把膜顶破，杂草接触到地膜后，就会被高温烫伤。

没有盖膜的果园，或者盖膜后行间除草，可以选择5%精喹禾灵乳油，亩用40～80毫升，防除单子叶杂草。也可以用精恶唑禾草灵、氟吡甲禾灵等。用药后，手工防除阔叶杂草。在防除阔叶杂草时，葡萄苗周围的杂草要手工拔出，不能用锄头或铲子，以免伤到幼苗基部，造成腐烂。一旦不小心伤到基部，被土盖上不易看到，被杂菌感染形成伤口，影响后来的营养输送。这种影响无法再弥补，只有平茬或重栽。对于多年生杂草，当年只能用手工防除，或者用手工涂抹草甘膦的办法防除。也可以到下年，等葡萄长高后，加防护罩后喷施草甘膦防除。

2. 成株期的果园除草 成株期的果园，杂草防除要方便一些，因此时葡萄已经长得比较高了，一些灭生性除草剂在防护罩的保护下，也可以使用。

以单子叶杂草为主的果园，在杂草生长旺盛期，选用5%精喹禾灵60毫升/亩对水喷雾。因精喹禾灵对葡萄比较安全，可以不用加防护罩。

以一年生阔叶杂草为主的果园，可以在杂草生长旺盛期，选用10%乙羧氟草醚20毫升/亩，对水喷雾，但喷雾时，要加防护罩。也可以选择20%百草枯100～150毫升/亩，对水喷雾，也要加防护罩。在用要时，最好是晴朗的天气施药，要在没有风的天气施药，喷雾器的喷头最好雾化稍微差一点，这样漂移的风险就低一下。配药的水要用洁净的水，脏水会减低药效。喷药前先检查喷雾器，不能出现跑、冒、滴、漏现象，有问题的喷雾器，要维修好后再施药。

以一年生单子叶和阔叶杂草都有的果园，在杂草出土前，可以用24%乙氧氟草醚30～40毫升/亩，对水50升细致喷雾。喷雾时，要注意选择无风天气施药，加防护罩，土壤要非常湿润，效果才会比较好。用药后，最好不要破坏土壤表面。

以多年生杂草为主，或多年生杂草较多的果园，可以在杂草旺盛生长期，亩用41%草甘膦异丙胺盐250毫升，对水喷雾，加防护罩，在没有风的天气施药。配药的水要求洁净。喷雾器的雾化要求差一些，不要漂移到葡萄上。喷雾时，喷头离地面不要过高，如果杂草比较高的果园，可以先把杂草踩倒后再施药。喷雾时要细心，严格控制不能漂移。如果不能控制很好，最后选用别的安全的除草剂。因为草甘膦是抑制植物合成蛋白质的一种除草剂，到有少量药剂漂移到葡萄上后，会被葡萄吸收，抑制葡萄的生长，严重的葡萄叶片颜色变淡，甚至白化等。一旦葡萄受害，没有解救药剂，施药时要特别慎重。

如果多年生深根杂草较多，可以用41%草甘膦异丙胺盐150毫升/亩，细致喷雾，3天后再用1次41%草甘膦异丙胺盐150毫升/亩。这样用药，有利于药剂更多地吸收到根部，让杂草死得更彻底。

如果不小心，把草甘膦喷到葡萄上了，要在用药后，以最快的时间，摘去接触过药的叶片。因为草甘膦有很好的内吸性，在用过药后，叶片吸收草甘膦，传导到根部，会导致根部死亡，而摘去接触过药的叶片，就阻断这种传导，虽然失去叶片，但葡萄的再生能力很强，会长出新的叶片。

3. 除草剂简介 除草剂品种较多，其理化性质、作用机制、应用范围及防除对象也各不相同。应用于林木上效果较好的除草剂主要有：

(1) 草甘膦。商品名称有：农大、农民乐、春多多、迪林飞达、快而净等。

草甘膦为有机磷类内吸传导型广谱灭生性除草剂。以植物的叶片吸收为主。一年生杂草在施药后3～5天开始出现反应，半月后全株枯死；多年生杂草在施药后3～7天地上部叶片逐渐枯黄，最后倒伏，地下部分腐烂，整个过程需20～30天。由于草甘膦与土壤接触后很快与铁、铝等金属离子结合而钝化，失去活性，因而只能用作茎叶处理。草甘膦对土壤中的种子发芽和土壤中微生物无不良影响。

草甘膦防除一、二年生和多年生杂草，果园除草，于杂草生长旺盛期，喷雾作茎叶处理。防除出苗后的一年生、二年生和多年生的禾本科杂草、莎草科杂草和部分阔叶杂草及灌木。

注意事项：喷药后6～8小时内降雨一般会降低药效；药液用清水配置；使用草甘膦后3天内勿割草、放牧和翻地；对金属有腐蚀性，贮存和使用时尽量用塑料容器，用过药械必须清洗干净。

（2）百草枯。商品名称：克芜踪、对草快、一把火等。

百草枯为联吡啶类速效触杀型灭生性除草剂。叶片着药后2～3小时即开始受害变色，但不传导，只使受药部位受害。百草枯不能穿透木栓化后的树皮。药剂一经与土壤接触即钝化失效，无残留，施药后对移栽成活或树冠下喷药都对根没有影响。

百草枯常用于果园和幼林除草，于杂草基本出齐，草高小于15厘米时，晴天施药，见效快，应用百草枯化学除草时，加水须用清水，药液要尽量喷洒在茎、叶上，不要喷在地上，到土壤中会失去活性。百草枯可与西玛津、莠去津、敌草隆等混用。防除一、二年生杂草效果好，对多年生杂草有触杀但很快又恢复生长。

注意事项：施药后30分钟遇雨对药效基本无影响；施药后24小时内，牲畜禁止进入施药地块食草。如药液溅入眼睛或皮肤上，要马上用清水冲洗；只能作茎叶处理，土壤处理无效。

（3）高效氟吡甲禾灵。商品名称：高效盖草能、盖草宁等。

高效氟吡甲禾灵为苯氧基及杂环氧基苯氧基丙酸类苗后选择性除草剂，具有内吸传导性。抑制茎和根的分生组织而导致杂草死亡。对苗后的一年生和多年生禾本科杂草有很好的防除效果，对阔叶杂草和莎草科杂草无效。从施药到杂草死亡，一般需要6～10天。药效期较长，一次施药基本控制全生育期的禾本科杂草为害。本剂对苗木无害。于杂草生长旺盛期（禾本科杂草 3～6 叶期）防效最佳，高于 30 厘米大草防除效果差。高效氟吡甲禾灵只能作茎叶处理，土壤处理效果差。防除稗草、马唐、狗尾草、牛筋草、野燕麦、看麦娘、芦苇、虎尾草、白茅、千金子等一年生和多年生禾本科杂草。

注意事项：高效氟吡甲禾灵防除禾本科杂草有效，而对莎草科和阔叶杂草无效，在有单子叶杂草和双子叶杂草混生的地块可与防阔叶杂草的除草剂混用，如灭草松、2 甲 4 氯等防阔叶杂草除草剂，扩大杀草谱，提高除草效果；施药作业时，防止药液溅到皮肤和眼睛上；高效氟吡甲禾灵对鱼类有毒，严禁把剩余药液及洗涤喷药器具的水倒入湖泊、河流、水塘。

（4）精吡氟禾草灵。商品名称：精稳杀得、氟草除。

精吡氟禾草灵为苯氧基及杂环氧基苯氧基丙酸类内吸传导型茎叶处理除草剂。杂草吸收的药剂部位主要是茎和叶，但落到土壤中的药剂也能被根吸收。对禾本科杂草有很强的杀伤作用。由于本剂的吸收传导性强，可达地下茎。因此对多年生禾本科杂草也有较好的防除作用。受害植物一般在 10～15 天后才死亡，药剂在土壤中的残效期为 1～2 个月。精吡氟禾草灵于杂草生长旺盛期，喷雾作茎叶处理，能有效地防除一年生禾本科杂草。防除稗草、马唐、狗尾草、牛筋草、千金子、画眉、早熟禾、看麦娘、芦苇、狗牙根、双穗雀稗等。

注意事项：精吡氟禾草灵药效表现较迟，不要在施药后 1～2 周内效果不明显时重喷第二次药。以单用为宜，单、双子叶杂草混生的地块可与阔叶除草剂混用或先后使用。

（5）精恶唑禾草灵。商品名称：骠马、精骠等。

精恶唑禾草灵属苯氧基及杂环氧基苯氧基丙酸类具选择性、内吸传导型的芽后茎叶处理剂，其有效成分为乙基苯氧丙酸。绿色植物组织吸收后，输导至叶、茎、根部的生长点。使其细胞膜的形成受阻，从而导致杂草死亡。杂草吸收药剂后 2～3 天后停

止生长，心叶失绿变紫，然后坏死，一般 10～30 天完全死亡。精恶唑禾草灵异丙隆、溴苯腈等防阔叶杂草的除草剂混用，可防除禾本科杂草和阔叶杂草，于杂草 2 叶期，喷雾作茎叶处理，除草效果达 95%以上。精恶唑禾草灵能有效地防除马唐、稗草、狗尾草、牛筋草等禾本科杂草，但对早熟禾和阔叶杂草无效。

注意事项：土壤墒情好有利于药效的发挥，土壤干旱时应灌溉后或雨后施药，没有灌溉条件时应加大喷水量，并适当提高用药量；温度高低不影响防效，但影响杂草死亡速度，北方一般于夏季施药为好；精恶唑禾草灵对鱼、蟹的毒性较高，故不要污染河流、池塘。

(6) 稀禾定。商品名称：拿捕净、草服它等。

稀禾定为环乙烯酮类内吸传导型选择性茎叶除草剂，杂草通过茎叶吸收转移到分生组织，破坏细胞的分生能力，其作用缓慢，处理后 3 天停止生长，7 天叶色褪绿，14 天后枯死。稀禾定对禾本科杂草的杀伤力很强，但对阔叶杂草无效，稀禾定落入土壤后很快分解，只作茎叶处理。持效期为一个月。稀禾定是苗后茎叶除草剂，可用于防除一年生和多年生禾本科杂草，对香附子和阔叶杂草无效。对禾本科杂草从发芽至分蘖期防效最好。防除稀禾定能防除稗草、马唐、狗尾草、狗牙根、看麦娘、牛筋草等禾本科杂草。

注意事项：在推荐用量下，稀禾定对苗木和花卉安全，对下茬作物无不良影响，但绝不能用于禾本科草坪防除禾本科杂草；稀禾定防效慢，需 10～15 天显效，药后不要重复使用。混生阔叶杂草的地块，需加防阔叶杂草的除草剂，其用量各自单用量；施药时要注意劳动保护，洗涤液不能倒入水田、河流、鱼塘。

(7) 苯达松。商品名称：排草丹、灭草松等。

苯达松为有机杂环类触杀型选择性苗后除草剂，药剂主要通过茎叶吸收，但在体内传导作用很小，因此施药必须均匀周到，效果好。中毒植物表现叶萎蔫、变黄，10～15 天死亡。温度高、阳光充足有利于药效的发挥。禾本科和豆科植物有较强的耐药性，而阔叶杂草和莎草则表现敏感。苯达松只能作茎叶处理，不能做土壤处理。常用来防除阔叶杂草和莎草科杂草，苯达松可与防禾本科杂草的除草剂各自单用的剂量混用，兼治禾本科杂草。施药时，高温、晴朗的天气，除草活性高，效果好。阴天和气温低时药效差。防除苯达松能防除繁缕、荠菜、酸模叶蓼、泽漆、萤蔺、异型莎草、碎米莎草、苘麻、鬼针草、苍耳、马齿苋、鸭跖草、藜、婆婆纳、牛毛毡等，对禾本科杂草无效。

注意事项：强度干旱和水涝地块，不宜使用本剂；施药后8小时内应无雨，否则需补喷或重喷；不慎药液溅到皮肤上或眼里，立即用大量清水清洗。

(8) 麦草畏。商品名称：百草敌。

麦草畏为苯甲酸类传导型苗后选择性除草剂，药剂可被杂草根茎叶吸收，通过木质部和韧皮部向上传导，影响正常生长发育，造成叶片畸形，叶柄与茎弯曲、根肿大、茎尖顶端膨大、生长点萎缩、分枝增多等。15～20 天死亡。麦草畏防除繁缕、牛繁缕、大巢菜、播娘蒿、田旋花、刺儿菜、藜、灰绿藜、马齿苋、反枝苋、酸模叶蓼等阔叶杂草。

注意事项：施药后 2～3 小时内降中雨以上会降低除草效果，须重喷或补喷；马蹄金、白三叶草坪对麦草畏敏感，不能使用；麦草畏对人的眼睛、皮肤有刺激作用，必须用清水冲洗。

(9) 乙氧氟草醚。商品名称：惠尔、果尔、割地草等。

乙氧氟草醚为二苯醚类选择性触杀型土壤处理兼有苗后早期茎叶处理作用的除草剂，芽前和芽后早期使用效果好，对种子萌发的杂草有效，杀草谱较广，能防除阔叶杂草和一年生禾本科杂草，对多年生禾本科杂草只有抑制作用。乙氧氟草醚施于土壤而被吸附，在土壤表层形成药层，施药后不要打乱药层，以免影响除草效果。防除一年生禾本科杂草有：稗草、狗尾草、马唐、千金子、画眉草、牛筋草、早熟禾等；防除一年生阔叶杂草有马齿苋、红蓼、苋、通泉草、反枝苋、野胡萝卜、酢浆草、小旋花、一年蓬、地肤、葎草、车前、扁蓄、蒲公英、藜、龙葵、苍耳、苘麻、繁缕、看麦娘、一年生苦苣菜等。

注意事项：用药后不可混土；用后48小时内，下小到中雨，无须补喷，若下大雨，需用原量的1/2补喷，对针叶树苗木安全，对阔叶树苗木进行定向喷雾，防止药液喷到苗木顶梢上；对一年生小草有效，对大龄杂草无效。

(10) 甲草胺。商品名称：拉索、杂草锁、灭草胺、草不绿等。

甲草胺属酰胺类选择性芽前除草剂，可被植物幼芽吸收，吸收后向上传导。除草活性高药效期较长，一般为4～8周。能有效地防除一年生禾本科杂草和某些双子叶杂草和莎草科杂草。对一年生禾本科杂草如稗草、鸭跖草、马唐、狗尾草、千金子，莎草科杂草如碎米莎草，异型莎草和阔叶杂草如藜、马齿苋、苋等效果好，对红蓼、龙葵、拉扳归等效果差。

注意事项：只能做土壤处理，杀死刚萌发的杂草，对已长出的杂草无效；对人的皮肤、眼睛有轻微刺激作用，注意劳动保护。对塑料制品有腐蚀作用，喷后必须清洗。

(11) 扑草净。商品名称：耘锄、助锄等。

扑草净为均三氮苯类选择性除草剂。药剂主要被根吸收，沿木质部运输到叶片内。中毒杂草产生失绿症状，逐渐干枯死亡。对刚萌发的杂草防除最好。有机质含量低的沙质土不宜使用本剂。可防除一年生禾本科杂草及阔叶杂草，如马唐、早熟禾、狗尾草、画眉草、牛筋草、稗草、蒿、藜、马齿苋、鸭舌草、牛毛毡等。

注意事项：扑草净药效期慢，一般需要1周左右，因此切勿心急或加大用量；有机质含量低的沙质土壤不宜使用扑草净。

(12) 氟乐灵。商品名称：茄科宁、氟特力等。

氟乐灵是二硝基苯胺类除草剂，主要被禾本科植物的幼芽和阔叶植物的下胚轴吸收，子叶和幼根也能吸收，但出苗后的茎和叶不能吸收，植物吸收后细胞停止分裂，细胞增大，细胞壁变厚，生长受抑制，最后死亡。氟乐灵施入土壤中后易光解，所施药后须拌土，否则效果差。残效期 3～6 个月。防除一年生禾本科杂草和一些小粒种子的阔叶杂草，如稗草、马唐、狗尾草、牛筋草、千金子、早熟禾、看麦娘、雀麦、野燕麦、苋、藜、地肤、繁缕、马齿苋等。本剂对已出土的大草无效。

注意事项：为防止药剂挥发；提高防效，施药后应立即混土；对已成苗的杂草无效；贮藏时要避免阳光直射，应在 4℃以上的阴凉处保存为好。

4. 葡萄园除草时慎用的几种除草剂 上面列出的只是部分除草剂，还有些未列出的除草剂，在葡萄园也可以使用。但有些除草剂使用要特别慎重。

（1）乙草胺。乙草胺在用作封闭除草剂时，在葡萄园也可以用，但是如果土壤干燥，效果会很差，而且如果施药时气温较高，乙草胺会大量蒸发，导致葡萄受害。如果地面杂草过多，药大多用在杂草表面，如果气温较高，也会导致葡萄受害。

（2）莠去津。果园封闭或苗后早期施用。但土壤较干旱时，效果差。如果用药后浇水或遇雨水，莠去津会淋溶到土壤里且残留期较长，被葡萄根系吸收，导致葡萄受害，要慎重施用。

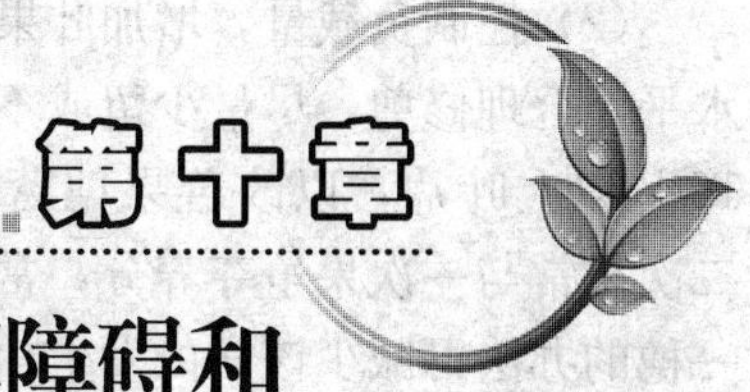

第十章 葡萄生理障碍和自然灾害

一、常见生理病害发生及防治

葡萄生理病害是指因栽培和生理性原因引发的一些病症。由于各地自然条件的不同和栽培水平的差异，生理病害在葡萄生产中经常发生，防治葡萄生理病害已成为提高葡萄产量和品质的重要途径。常见的葡萄生理病害主要有以下几种：

（一）葡萄水罐子病

葡萄水罐子病亦称转色病、水红粒，主要表现在果粒上，一般在果粒进入转色期后表现症状。发病后有色品种明显表现出着色不正常，色泽变淡；白色品种表现为果粒呈水泡状；病果果肉变软、糖度降低、味酸、果肉与果皮极易分离，成为一包酸水，用手轻捏，水滴成串溢出，故名“水罐子”。发病后果柄与果粒处易产生离层，果实极易脱落。该病主要是由于营养失调或营养不足所致，一般树势弱、摘心重、肥水不足、结果过多、有效叶面积不足时容易引起该病发生。地下水位高，葡萄成熟期遇到降雨较多时，尤其是高温过后遇降雨，田间不能及时排水，形成高温高湿小气候，也容易引起该病的发生。防治措施主要有：

（1）加强土壤管理，增施有机肥料和根外喷施磷、钾肥，适时适量施用氮肥。

(2) 控制负载量，增加叶果比。控制结果量，提高树体营养水平。合理修剪，尽量少留或不留副穗，结果枝留一穗果至少有16片以上叶片，以改善果穗营养状况。在留二次果的情况下，二次果常与一次果争夺养分，常导致水罐子病发生，采用一枝留一穗的办法可减少该病的发生。

(3) 排灌水要通畅。保障果园水利设施通畅，做到科学灌水，及时排水。

(二) 葡萄日灼病

葡萄日灼病是一种非侵染性生理病害。幼果膨大期强光照射和温度剧变是其发生的主要原因。果穗在缺少荫蔽的情况下，受高温、空气干燥与阳光的强辐射作用，果粒幼嫩的表皮组织水分失衡发生灼伤，或是由渗透压高的叶片向渗透压低的果穗争夺水分造成灼伤。

为害特点：果粒发生日灼时，果面生淡褐色近圆形斑，边缘不明显，果实表面先皱缩后逐渐凹陷，严重的果穗变为干果。卷须、新梢尚未木质化的顶端幼嫩部位也可遭受日灼伤害，致梢尖或嫩叶萎蔫变褐。

发病程度与气候条件、架式、树势强弱、果穗着生方位及结果量、果实套袋早晚及果袋质量、果园田间管理情况等因素密切相关。连续阴雨天突然转晴后，受日光直射，果实易发生日灼；植株结果过多，树势衰弱，叶幕层发育不良，会加重日灼发生；果树外围果穗、果实向阳面日灼发生重；套袋过晚或高温天气套袋，会使日灼加重；夏季新梢摘心过早，副梢处理不当，枝叶修剪过度，果穗不能得到适当遮阴，易发生日灼病。生产上大粒品种易发生日灼。有时荫蔽处的果穗，因修剪、打顶、绑蔓等移动位置或气温突然升高植株不能适应时，新梢和果实也会发生日灼。防治措施主要有：

(1) 易日烧的品种，夏剪时在果穗旁边多留叶片，以遮盖果穗，有条件的可搭建遮阳网。

（2）采用套袋栽培技术。尽早进行果穗套袋，但要注意果袋的透气性，对透气性不良的果袋可剪去袋下方的一角，促进透气。

（3）在气候干旱、日照强烈的地方，应改篱架栽培为棚架栽培，以预防葡萄日灼病的发生。

（4）增施有机肥，避免偏施氮肥，增强树势，能够减少该病的发生。

（三）葡萄裂果病

葡萄裂果病是葡萄果实接近采收期间，果皮开裂，随即果粒腐烂和发酵，严重者整株果实没剩几粒好果，造成减产甚至绝收，发病轻者，穗形不整齐，降低商品价值。

葡萄裂果病的原因是在果实生长后期土壤水分变化过大，久旱逢雨或大水漫灌，根从土壤中吸收大量水分，输送到果实内，靠近果刷细胞生理活动和分裂加快，而靠近果皮的细胞活动较缓慢，使果实膨压骤增，果皮纵向裂开。

葡萄裂果病与品种特性、栽培技术有关，具有裂果特性的品种，如果栽培技术得当可以防止裂果，不易裂果的品种，栽培条件失宜也易裂果。防治措施主要有：

（1）调节好土壤水分，防治土壤内水分变化过大，开花期之后到着色期之前出现干旱时及时灌水，着色期后下雨及时排水，若该时期出现严重干旱时需要灌水，但要注意要小水多次，切忌大水漫灌。

（2）地膜覆盖，果实套袋。可以防止土壤和果实中水分变化过大，改善果实生长的小气候，能够有效地防止裂果。

（3）对坐果率高的品种可进行疏花疏果，调节果实的着生密度，并且要坐果后再摘心，以适当降低坐果率，避免果粒密挤。

（4）抬高棚架，提高果穗离地面的高度。

（四）落花落果

葡萄开花前1周的花蕾和开花后子房的脱落为落花落果，严重的落花落果是不正常的，称为落花落果病。

葡萄落花落果主要是由于外界环境条件的变化，影响受精受粉而造成大量落花落果。如花期干旱或阴雨连绵，或花期刮大风或遇低温等，都能造成受精不良而大量落花落果；施氮肥过多，花期新梢徒长，营养生长与生殖生长争夺养分，使花穗发育营养不足而造成落花落果；留枝过密，通风透光条件差；植株生长缺硼，则限制花粉的萌发和花粉管正常的生长，也严重影响坐果率。防治措施主要有：

（1）人工辅助授粉。对落花落果严重的品种，在开花前喷0.05%～0.1%硼砂，可提高坐果率。

（2）合理修剪。对生长势强，营养生长过旺，新梢与花穗争夺养分的品种，要进行轻剪、长放，削弱营养生长，谢花后适当进行疏花疏果。

（3）追肥灌溉。葡萄开花前后，必须追肥加灌溉，适当多施磷、钾肥，勿过重施用氮肥。

（4）适时摘心。对某些落果严重的品种，可在开花前3～5天摘心，以控制营养生长。

（5）喷抑制剂。可在开花前喷3 000～5 000毫克/千克矮壮素等生长抑制剂，适当控制营养生长，改善花穗的营养状况。

（五）缺素症

由于土壤和栽培管理因素不同，一些葡萄园常出现不同程度的营养缺乏的现象，缺少氮、磷、钾、硼、锌、铁、钙、镁等中的任何一种，都会影响其生长势，植株衰弱，降低产量，影响品质，严重的使植株早衰，诱发某些侵染性病害的发生和加重危害，也会降低对其他非侵染性病害如冷害、冻害、旱害、日烧病

等的抗性。防治措施主要有：

（1）加强果园管理，深翻改土，增施有机肥，能够在一定程度上缓解缺素症状。

（2）科学合理施肥，根据测土配方施肥或叶分析指导施肥能够避免元素间的拮抗而造成的缺素症。

（3）在发现缺素症后，根据症状表现，判断缺失元素的种类，给予相应的补充。

①缺氮：缺氮常表现植株生长受阻、叶片失绿黄化、叶柄和穗轴呈粉红或红色等，氮在植物体内移动性强，可从老龄组织中转移至幼嫩组织中，因此，老叶通常相对于幼叶会较早表现出缺素症状。一般使用氮素化肥后症状很快消失，如尿素、碳酸氢铵等。在葡萄生长前期叶面喷施0.3%的尿素，果实采收后喷施0.5%的尿素也可消除缺氮症。

②缺磷和缺钾：葡萄植株缺乏磷元素时表现叶片较小、叶色暗绿、花序小、果粒少、果实小、单果重小、产量低、果实成熟期推迟等，一般对生殖生长的影响早于营养生长；缺钾时，常引起碳水化合物和氮代谢紊乱，蛋白质合成受阻，植株抗病力降低。枝条中部叶片表现扭曲，以后叶缘和叶脉间失绿变干，并逐渐由边缘向中间焦枯，叶子变脆容易脱落，果实小、着色不良，成熟前容易落果，产量低、品质差，钾过量时可阻碍钙、镁、氮的吸收，果实易得生理病害。主要从土壤中给予补给，如果暂时性的缺素现象，可在叶片喷施0.1%～0.3%的磷酸二氢钾或1%～3%的草木灰浸出液，3%～5%的过磷酸钙浸出液。

③缺铁：缺铁时首先表现的症状是幼叶失绿，叶片除叶脉保持绿色外，叶面黄化甚至白化，光合效率差，进一步出现新梢生长弱，花序黄化，花蕾脱落，坐果率低。叶面喷施0.1%～0.2%的柠檬酸铁或硫酸亚铁。

④缺硼：葡萄缺硼时可抑制根尖和茎尖细胞分裂，生长受阻，表现为植株矮小，枝蔓节间变短，副梢生长弱；叶片小、增

厚、发脆、皱缩、向外弯曲，叶缘出现失绿黄斑，叶柄短、粗。根短、粗，肿胀并形成结，可出现纵裂。缺硼时还可导致开花时花冠不脱落或落花严重，花序干缩、枯萎，坐果率低，无种子的小粒果实增加。生长期株施30克硼砂，浇水。花前2～3周和盛花期于叶面和花序喷施0.1%～0.2%的硼酸或硼砂溶液。

⑤缺钙：缺钙时新梢嫩叶上形成褪绿斑，叶尖及叶缘向下卷曲，几天后褪绿部分变成暗褐色，并形成枯斑。缺钙可使浆果硬度下降，贮藏性差等。叶面喷布0.5%～1.0%的过磷酸钙浸出液，或0.5%的氯化钙或硝酸钙溶液。在氮较多的葡萄园不宜喷施硝酸钙，以免造成氮素过多。

⑥缺镁：缺镁症主要从植株基部老叶发生，初叶脉间褪绿，后脉间发展成黄化斑点，多由叶片内部向叶缘扩展引致叶片黄化，叶肉组织坏死，仅留叶脉保持绿色。生长初期症状不明显，进入果实膨大期显症后逐渐加重，坐果量多的植株果实还未成熟便出现大量黄叶，黄叶一般不早落。缺镁对果粒大小和产量影响不大，但果实着色差，成熟推迟、糖分低、品质降低。叶面喷施0.1%～0.2%的硫酸镁或氯化镁溶液。

⑦缺锌：缺锌时植株生长异常，新梢顶部叶片狭小，呈小叶状，枝条纤细，节间短。叶片叶绿素含量低，叶脉间失绿黄化，呈花叶状；果粒发育不整齐，无子小果多，果穗大小粒现象严重，果实产量、品质下降。冬剪后用10%的硫酸锌溶液涂抹剪口或结果母枝，或株施250克硫酸锌。在花前2～3周和花后喷0.3%～0.5%的硫酸锌溶液也能消除缺锌症。

⑧缺锰：缺锰时，夏初新梢基部叶片变浅绿，然后叶脉间组织出现较小的黄色斑点。斑点类似花叶病症状，黄斑逐渐增多，并为最小的绿色叶脉所限制。褪绿部分与绿色部分界限不明显。严重缺锰时，新梢、叶片生长缓慢，果实成熟晚，增施优质有机肥，在开花前喷2次0.2%硫酸锰。另外，结合防病喷施代森锰锌类农药也可补充锰元素。

二、自然灾害

（一）霜冻

霜冻是指果树在生长期夜晚土壤和植株表面温度短时降至0℃或0℃以下，引起果树幼嫩部分遭受伤害的现象。霜冻分为早霜冻害和晚霜冻害。

1. 早霜冻害　早霜冻害是指植株未落叶未进入休眠状态时，突然下霜引起植株落叶，此时叶片中的营养回流不完全，造成树体营养积累不够，花芽分化不良，树体抵抗力下降，对第二年的生产造成不良影响。

为了避免早霜冻害，应加强对葡萄土肥水管理和树势的培养，生长季后期控制新梢的生长，促进植株成熟老化，增加抵抗力。另外，还应结合当地往年气象资料，早作防御，必要时喷施脱落酸使植株提前进入休眠状态。

2. 晚霜冻害　晚霜冻害即通常所说的“倒春寒”，通常发生在清明节以后，4月中下旬。露地栽培的葡萄，当春季日平均气温10℃左右时开始萌芽，此期如遇－3℃以下低温则萌动的芽受冻。日平均气温达10℃以上时抽生新梢，若遇－1℃低温嫩梢和幼叶受冻。当土温升高到12℃左右时，根系开始生长。气温15℃以上时始花，始花期若遇0℃以下气温，花器受冻，即使气温未低到如此程度，只要气温骤降也会造成胚珠发育异常，花粉活力降低。可见温度是影响葡萄能否顺利通过萌芽、抽梢和开花物候期的重要因素。

晚霜对葡萄当年的产量造成严重损失，甚至绝产，更为严重的是它还会造成葡萄地上部分死亡，使大面积葡萄园遭受灭顶之灾。2002年4月25日凌晨气温低于5℃，山东桓台县露地栽培的葡萄受到不同程度的低温冻害，新梢受冻变褐变黑，叶片干枯死亡，花穗变褐干枯脱落，未脱落者坐果不良，严重影响了产量，有的地块甚至绝产，全县葡萄绝产面积占总面积的40%左右。2004年5月3～4日凌晨宁夏回族自治区发生晚霜冻，据不完全统计，全区冻害总面积多达1 300公顷，产量损失达30%以上，直接经济损失2 000多万元。

目前，生产中防治晚霜的措施主要有以下几种：

（1）选用抗霜能力强的品种作为砧木，采用嫁接栽培，效果非常好。

（2）在葡萄种植园设立自己的气温、地温实况观测记录，并随时注意天气变化和天气预报，根据天气情况及时采取必要的预防措施。一般情况下，最低气温降至5℃以下，或地面最低温度降至0℃以下，都可视为可能发生霜害的温度条件。可在霜冻来临前1～2天全园灌水，以提高地温。霜冻来临的当天傍晚对葡萄枝叶大量喷水，以提高树温。

（3）延迟发芽，晚霜主要危害新生组织，延迟葡萄发芽可以在很大程度上减少晚霜带来的危害。目前延迟发芽的措施主要有：适当延期撤除防寒土，并在葡萄萌芽前进行全园灌水，降低地温以延迟发芽；葡萄发芽后至开花前灌水或喷水1～2次，可降低果园地温，可推迟花期2～3天；早春对树干、骨干枝进行涂白，树冠喷8%～10%的石灰水，以反射光照、减少树体对热能的吸收以推迟发芽。

（4）树盘覆草。早春用杂草（或积雪）覆盖树盘，厚度为20～30厘米，可使树盘缓慢升温，限制根系的早期活动，从而延迟开花。如能够结合灌水，效果更佳。

（5）改善果园小气候。

①营造、选择利于葡萄生产的小气候环境。园址应选在向阳背风地带，开阔平地建园前要营造防护林带，尤其是在主风向有防护林带，最好是大型防护林带，可以有效减轻或避免霜冻的危害。

②加热法。加热防霜是现代防霜较先进而有效的方法。在果

园内每隔一定距离放置一加热器，在将发生霜冻前点火加温，使下层空气变暖而上升，而上层原来温度较高的空气下降，在果树周围形成一暖气层，一般可提高温度1～2℃。

③吹风法。辐射霜冻是在空气静止情况下发生的，利用大型吹风机增强空气流通，将冷气吹散，可以起到防霜效果。

④熏烟法。根据天气预报，在园内气温接近0℃时，在迎风面每公顷堆放150个烟堆熏烟，可提高气温1～2℃。近些年来，采用硝酸铵、锯末、柴油混合制成的烟雾剂代替烟堆熏烟，使用方便，烟量大，防霜效果好。

（二）冻害

葡萄冻害是由于冬季低温造成对葡萄枝干、芽体或植株根系产生的伤害现象。北方栽培葡萄，越冬期间常遭受不同程度的冻害。

1. 冻害种类

（1）葡萄主干开裂。离表土约1米以内葡萄树的形成层组织开裂，有的甚至可以看到主干的内部，此时的葡萄容易感染根瘤病。

（2）树根冻害。因表土不够深，树根离地表近或是碳水化合物的积蓄不良而导致树根的冻害。

（3）花芽枯死。结果枝老熟较晚或徒长或氮元素过多导致花芽枯死。

（4）枝条干枯。枝蔓出土后，地上部枝蔓失水干枯，植株从基部再发新梢。

（5）植株死亡。冻害严重时可引起整株死亡。

2. 冻害原因

（1）冬季气候异常。一般欧洲种葡萄的芽眼在冬季只能忍受－16℃的低温，根系抗寒能力更差，在土温－7℃时就可能发生冻害，在遇到这种天气时，葡萄根系和芽眼就有可能发生冻害。

(2) 枝蔓不成熟。由于肥水管理不当，特别是氮肥施用过多，使枝条发育不成熟，组织不充实，芽眼不饱满，抗寒能力差。

(3) 防寒土层质量差。主要是防寒土层的厚度和宽度不够，尤其是新建的葡萄园。一般在华北地区，防寒土堆要 80～100 厘米左右宽，20 厘米左右厚，葡萄方可安全越冬，否则，枝蔓会受到低温和风的作用而抽干死亡。

(4) 埋土时间不当。2009 年 11 月份北方地区普降大雪，据调查凡是在暴雪前埋土防寒的不受冻害；暴雪前压蔓放倒虽然没有完全埋土，但雪后埋严的冻害较轻；边下雪边埋土防寒的不受冻害；暴雪后 4～5 天埋土防寒的受冻 50%左右；凡是在化雪后埋土防寒的全部受冻。

3. 预防措施

(1) 反复摘心。葡萄新梢生长能力特强，若不摘心，可无限期生长，直至秋季，这样的新梢很不充实，极不抗冻。既为防冻，也为翌年丰产，对葡萄新梢要及时摘心，反复摘心。简单地说，当新梢长至 7～8 片叶时摘心，留用的副梢，留 5～6 片叶摘心，副梢上发生的副梢，留 3～5 片叶反复摘心。反复摘心后培养的新梢，叶大而厚，芽眼饱满，枝条成熟良好，不仅翌年结果能力强，且极抗冻。

(2) 合理负载。一般说来，酿造品种亩产 2 500～3 000 千克为宜；鲜食葡萄亩产 1 700～2 000 千克为宜。地力肥厚水肥充足，可酌高，反之酌减。

(3) 科学施肥。部分果农在用肥中偏重于氮肥，这又是造成新梢成熟不良，容易遭受冻害的原因。一般说来，无论对当年定植的小苗还是结果园，生长前期要以氮为主，中期要氮、磷、钾都施，后期以磷、钾为主。

(4) 病虫害防治。病虫害严重影响新梢的成熟和质量，特别是霜霉病，近几年发病迅速为害严重，受此病为害的葡萄，极易

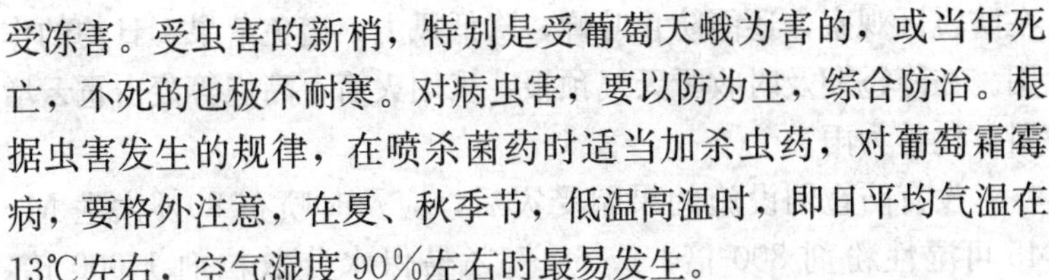

受冻害。受虫害的新梢，特别是受葡萄天蛾为害的，或当年死亡，不死的也极不耐寒。对病虫害，要以防为主，综合防治。根据虫害发生的规律，在喷杀菌药时适当加杀虫药，对葡萄霜霉病，要格外注意，在夏、秋季节，低温高温时，即日平均气温在13℃左右，空气湿度90%左右时最易发生。

（5）浇好防冻水。这是一次防冻的关键水。在土地越冬以前，结合开沟施基肥，浇1遍透水。待土壤松散后深耕保墒。

（6）抗寒锻炼。葡萄在新梢生长期间，只能耐0℃以上的温度，而在休眠期，其枝芽，东北山葡萄能耐－40℃，欧亚种能耐－18℃，欧美杂种能耐－20℃，这期间葡萄植株自身有一系列的生理变化，这种变化就是为了耐低温、抗冷冻。这一系列的变化都是在落叶进入休眠期后进行的。因此，葡萄进入休眠期后，要让其自然锻炼一个阶段。

（7）埋防寒土。气候寒冷地区需埋防寒土。最佳季节当在土地封冻前10天左右。葡萄具备了一定的需冷量以后进行。第二年春季要在天气不会再发生霜冻时，扒去防寒土。扒土过早，容易在发生寒流时冻伤枝芽，葡萄在土中萌动后扒土，并无妨碍。

（三）冰雹

冰雹在某些地区发生比较频繁，近年来有加重的趋势，范围和概率在不断增大，给果农造成严重损失或绝收。冰雹多发期主要在夏季7～8月，此时果树正处于幼果发育期，降雹会直接砸伤砸落幼果，造成果实表面坑洼不平，其千疮百孔，招致病害侵染，影响果实外观和内在品质。同时还会砸伤叶片和新梢，影响树体的光合作用和花芽分化，严重时砸伤树皮，形成二次发芽，导致树势衰退，引起翌年生长结果，且腐烂病发生。

果园预防冰雹危害的最有效办法就是建立防雹网，尽管一次性投资较大，但可以连续使用几年，对于冰雹频发的地区还是很合算，不仅能防冰雹危害，同时还可减少鸟类为害果实。据几年在防雹区观察，还能防止叶蝉，降低风力，避免落果、日灼的作用。在降雹期及时收听天气预报，采用火箭、高炮等轰击雹云增温，化雹为雨。

没有防雹网设施的果园受灾后，应及时喷布80%大生M-45可湿性粉剂800倍，或68.75%易保水分散粒剂1 000倍，70%甲基托布津可湿性粉剂800倍液加爱多收，并迅速在树盘追施速效氮肥或磷酸二氨，加强光合作用，促使树体尽快恢复长势。

（四）风害

风害在西北地区比较严重，大风可使葡萄园受到机械损伤，严重时可将葡萄架式打翻，大量减产，给葡萄园带来极大损失。

在园地选择时尽可能避开风口等地块，另外预防风害也要采取一定的措施。

1. 建造防风林 经测定建造5～6排15～20米高的防风林可降低风速38.4%，防风效果好，但要选择与葡萄没有共同病虫害的物种作为防护林。

2. 固定枝蔓 葡萄出土后，把枝蔓均匀地固定在架面上，新梢也要固定牢固，以免相互影响。

3. 搭架方式 架式方向及葡萄生长方向要与风向平行，以防枝蔓被刮翻或缠绕在一起。

三、鸟害

随着全民环境保护意识的增强，打鸟、捕鸟行为受到限制，鸟的种类、数量有了明显增加。一方面对维持生态平衡起到了积极作用，另一方面，一些杂食性鸟类啄食葡萄果实，不仅直接影响果实的产量和质量，而且导致病菌在被啄果实的伤口处大量繁殖，使许多正常果实生病。鸟类危害已成为影响葡萄生产的一大

问题，调查显示，露地栽培葡萄遭受鸟害后，减产可达30%以上。

（一）鸟类对葡萄生产的影响

鸟类活动对葡萄生产的影响，在不同地区和随着鸟类的不同，而有不同的表现。

（1）啄食刚萌动的叶苞或刚呈现的小花序。早春时节，一些小型鸟类如麻雀等常啄食刚萌动芽苞或刚伸出的花序。

（2）啄食葡萄果粒。很多鸟类喜欢啄食成熟葡萄的果粒，有的将果粒啄烂，有的将果粒啄走，有的啄食果肉使种子外露干缩，从而使整个果穗商品质量严重下降，并诱发白腐病等病害的严重发生，这不仅在露地栽培中常常发生，而且近年来在设施栽培上也常发生鸟类从通风孔进入，为害成熟果实的事例。鸟类啄食葡萄果实和种子对一些开展杂交育种的科研单位影响就更为严重。

（3）葡萄制干过程中，鸟类进入晾房，啄食尚未完全晾干的葡萄干，不但影响葡萄干的质量，而且影响葡萄干的卫生状况。在鸟群个体数量较少，或葡萄栽培面积较大时，鸟类对葡萄生产的影响尚不十分突出，而当鸟群数量较多或栽培面积较小时，这种影响就十分突出。近年来，国内一些科研、生产单位常有因鸟害造成科研和生产严重损失的报道。

（二）主要鸟害的种类及为害特点

葡萄园中常见的鸟类种类十分繁多，而且随地区和季节的变化。鸟类种类和种群结构有不同的变化。我国南北方葡萄园中活动的鸟类有20余种，它们主要是：山雀、麻雀、山麻雀、画眉、乌鸦、大嘴乌鸦、喜鹊、灰喜鹊、灰树鹊、云雀、啄木鸟、戴胜、斑鸠、野鸽、雉鸡、八哥、相思鸟、白头翁、小太平鸟、黄莺、灰椋鸟、水老鸹等。我国各地葡萄园中鸟种类的地域性差异十分明显，在北方，麻雀、灰喜鹊是为害葡萄最为主要的鸟类。

1. 灰椋鸟 额、眼先、颊、耳区等均白，杂有黑色条纹，白色向后呈星散稀疏的条纹伸入头顶和喉。头、颈黑色略有绿色光泽。喉和上胸灰黑，有不明显的轴纹，所有这些羽毛均呈矛状，翼之复羽为灰褐色，尾上复羽有一白色横带柄具绿色光泽。下胸及腋部暗灰色，腹灰白，尾下复羽及尾蓝色。雌鸟的喉和上胸褐而不黑，两肋灰褐稍浅。眼围白圈。嘴橙红，尖端黑。脚和趾橙黄。常结群活动，食物以树种子、虫子和葡萄、桑葚、枣等各类果实为主。尤其喜食葡萄，发现一片成熟的葡萄园，往往疯狂啄食，一边啄还一边用爪子扒，破坏性极大，因此有“贪婪鸟”之称。

2. 喜鹊 头颈、背、胸黑色；肩羽、腹为白色；尾甚长，蓝绿色；尾下腹羽黑色。飞行时，初级飞羽内瓣及背两侧白色非常醒目，常发出单调粗哑似“夹卡、夹卡”之声。分布在平地、山丘的高树或农地。常单独或小群于田野空旷处活动，性凶猛粗暴，有收藏小物品的怪癖，警觉性高。振翅幅度大，成波浪状飞行。三三两两在大树顶端之间来去。筑巢于大树中、上层，以各种树枝为巢材，巢大而醒目。杂食性，主要为害是啄食葡萄粒。

3. 灰喜鹊 头和后颈亮黑色，背上灰色；翅膀和长长的尾巴呈天蓝色，下体灰白色。尾羽较长，几乎与身体的其他部分等长，并具有白色羽端：颌部与环绕头部的围脖为白色，喉部、胸部、腹部为污白色，且自头向尾的方向颜色平缓地略现加深的趋势。杂食性鸟类，主要啄食葡萄粒，早晨和黄昏活动。

4. 大山雀 头顶、枕部以至后颈上部呈金属发蓝的光辉黑色。眼下、颊、耳羽直至颈侧白色，呈三角形斑，上背黄绿色，下背至尾上复羽灰蓝色。飞羽黑褐色，喉和前胸黑色，略具金属反光。腹部白色，中央贯以黑色纵带，由前胸向后，与黑色的尾下复羽相接。嘴峰、脚为黑色。食物以昆虫、植物性物质为主。

5. 麻雀 额至后颈褐色；上体砂褐色，背部具黑色纵纹，

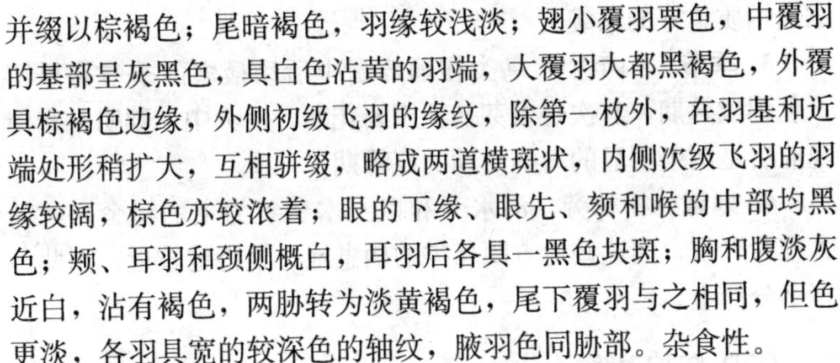

并缀以棕褐色；尾暗褐色，羽缘较浅淡；翅小覆羽栗色，中覆羽的基部呈灰黑色，具白色沾黄的羽端，大覆羽大都黑褐色，外覆具棕褐色边缘，外侧初级飞羽的缘纹，除第一枚外，在羽基和近端处形稍扩大，互相骈缀，略成两道横斑状，内侧次级飞羽的羽缘较阔，棕色亦较浓着；眼的下缘、眼先、颏和喉的中部均黑色；颊、耳羽和颈侧概白，耳羽后各具一黑色块斑；胸和腹淡灰近白，沾有褐色，两胁转为淡黄褐色，尾下覆羽与之相同，但色更淡，各羽具宽的较深色的轴纹，腋羽色同胁部。杂食性。

6. 乌鸦　包括红嘴乌鸦、寒鸦、大嘴乌鸦。主要为害是啄食葡萄粒。

（1）红嘴乌鸦。通体黑亮，翼和尾闪着绿色光泽。嘴鲜红、细长而微弯曲。脚趾均红，爪黑褐。杂食性。

（2）寒鸦。后颈、颈侧及下胸以下的下体均为白色或灰白色，其余体羽纯黑并具紫色金属光泽。耳羽及后头有白色细纵纹。幼鸟体羽全为黑色。杂食性。

（3）大嘴乌鸦。嘴形粗大，通体黑色，体羽有绿色金属光泽，翼及尾有紫色金属光泽。喉和上胸的羽毛呈锥针形，后颈羽枝散离如丝。杂食性。

（三）鸟害发生的特点

1. 品种　葡萄鲜食品种鸟害要比酿酒品种严重。在鲜食品种中，早熟和晚熟品种中红色、大粒、皮薄的品种受害明显较重。凤凰51、京秀、乍娜早熟品种果实受害率65%～75%，晚熟品种红地球果实受害率为35%，原因是在当地葡萄成熟时，农作物尚未成熟或已经收获，已无其他农作物可成为鸟类的食源，这时葡萄就成为鸟类主要的觅食对象。

2. 栽培方式　采用篱架栽培的鸟害明显重于棚架，而在棚架上，外露的果穗受害程度又较内膛果穗重。套袋栽培葡萄园的鸟害程度明显减轻，减轻程度与果袋质量有直接关系，因此应注意选用质量好的果袋。

3. 季节 一年中，鸟类在葡萄园中活动最多的季节是果实上色到成熟期，其次是发芽初期至开花期。一天中，黎明后和傍晚前后是两个明显的鸟类活动的高峰期。

4. 地域 树林旁、河水旁和以土木建筑为主的村舍旁，鸟害较为严重，因这些地方距鸟类的栖息地、繁衍地较近，因此鸟害十分严重。

（四）防护对策

对鸟害的预防与葡萄病虫害防治截然不同，在保护鸟类的前提下防止或减轻鸟类活动对葡萄生产的影响是预防鸟害的最根本的指导方针，这一点已在世界各国得到共识和公认。近年来，国外欧美一些国家已将先进的超声波、微型音响系统。自控机器人、网室等驱避鸟类的新技术用于果园鸟害的预防，鉴于我国的实际情况和对多年的实践总结，目前适合我国葡萄园采用的防鸟措施主要是：

1. 果穗套袋 果穗套袋是最简便的防鸟害方法，同时也防病虫、农药、尘埃等对果穗的影响。但灰喜鹊、乌鸦等体型较大的鸟类，常能啄破纸袋啄食葡萄，因此一定要用质量好的防鸟袋。在鸟类较多的地区也可用尼龙丝网袋进行套袋，不仅可以防止鸟害，而且不影响果实上色。

2. 架设防鸟网 防鸟网既适用于大面积葡萄园，也适用于面积小的葡萄园或庭院葡萄。其方法是先在葡萄架面上 0.75～1.00 米处增设由 8～10 号铁丝纵横成网的支持网架，网架上铺设用尼龙丝制作的专用防鸟网，网架的周边垂下地面并用土压实，以防鸟类从旁边飞入。由于大部分鸟类对暗色分辨不清，因此应尽量采用白色尼龙网，不宜用黑色或绿色的尼龙网。在冰雹频发的地区，调整网格大小，将防雹网与防鸟网结合设置，是一个事半功倍的好措施。

3. 增设隔离网　大棚、日光温室进出口及通风口、换气孔应设置适当规格的铁丝网或尼龙网，以防止鸟类进入。

4. 改进栽培方式　在鸟害常发区，适当多留叶片，遮盖果穗，并注意果园周围卫生状况，也能明显减轻鸟害发生。

5. 驱鸟

（1）人工驱鸟。鸟类在清晨、中午、黄昏3个时段为害果实较严重，果农可在此前到达果园，及时把来鸟驱赶到园外。15分钟后应再检查、驱赶一次，每个时段一般需驱赶3～5次。

（2）音响驱鸟。将鞭炮声、鹰叫声、敲打声、鸟的惊叫声等用录音机录下来，在果园内不定时地大音量放音，以随时驱赶园中的散鸟。声音设施应放置在果园的周边和鸟类入口处，以利用风向和回声增大声音防治设施的作用。

（3）置物驱鸟。在园中放置假人、假鹰或在果园上空悬浮画有鹰、猫等图形的气球，可短期内防止害鸟入侵。置物驱鸟最好和声音驱鸟结合起来，以使鸟类产生恐惧，起到更好的防治效果。同时使用这两种方法应及早进行，一般在鸟类开始啄食果实前开始防治，以使一些鸟类迁移到其他地方筑巢觅食。

（4）反光膜驱鸟。地面铺反光膜，反射的光线可使害鸟短期内不敢靠近果树，也利于果实着色。

（5）烟雾和喷水驱鸟。在果园内或园边施放烟雾，可有效预防和驱散害鸟，但应注意不能靠近果树，以免烧伤枝叶和熏坏果树。有喷灌条件的果园，可结合灌溉和暮喷进行喷水驱鸟。

四、野生动物

（一）鼠兔类破坏

田鼠和野兔等动物在葡萄园中挖地洞，在地底将葡萄根系咬断，另外野兔还会啃咬葡萄幼枝、主干和离地面比较近的树皮等，给植株生长带来破坏。防治措施主要有：

（1）在兔子和田鼠经过的路上设置陷阱并将果园篱壁的铁网做成 1 米左右高。

（2）周期性的在果园中放置灭鼠药。

（3）在果园各处安放桶，然后在桶上放上大风葫芦，每当刮风时风葫芦与桶产生振动，振动传到地底下，田鼠最不喜欢在振动的土壤中安家，这样会将田鼠赶走。

（二）野生蜂的破坏

除工蜂、王峰以外还有多种野生蜂会对葡萄带来破坏，小蜂只会吸食汁液，但大型蜂会将果皮和籽之外全部吃掉。在山间或山区葡萄园所受的破坏更为严重。

在酒瓶中灌进 30%～40%引诱剂，将酒瓶在葡萄树周围呈 40°～45°角悬挂。包括野生蜂在内的很多害虫会在 3～5 天内装满瓶子，这时将瓶子里的东西倒掉，换上新的引诱剂。将用过的引诱剂和死蜂埋进土里，随便扔会招来很多蚂蚁。

引诱剂配方：水 20 千克，红糖 3～5 千克，米醋 100～200 毫升，米酒 2～4 升，调匀即可。

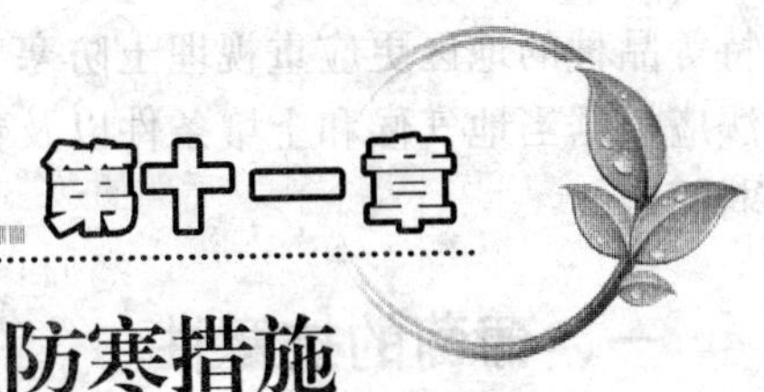

第十一章

葡萄埋土防寒措施

不同葡萄品种抗寒性强弱差异很大，山葡萄、贝达、北醇等某些品种抗寒性很强，在华北地区不埋土也可以露地越冬；而大部分欧亚种和欧美杂交种葡萄品种抗寒性均较差，其地上部休眠枝蔓在－15℃左右即可遭受冻害。因此，在我国埋土防寒线以北的华北、西北、东北葡萄产区，必须进行埋土防寒，而且愈往北埋土开始的时间愈早，埋土厚度愈大，这样植株才能安全越冬。在埋土防寒线附近的地区，入冬前也应对葡萄植株进行简易覆土防寒，以防冬季突然降温导致葡萄植株受冻。栽培抗寒性较弱的红地球、奥山红宝石、乍娜、葡萄园皇后、瓶儿、里扎马

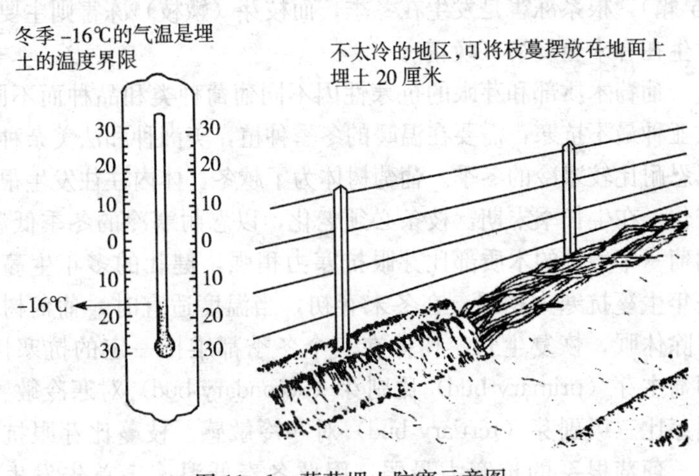

图 11-1　葡萄埋土防寒示意图

（唐勇，2000）

特等品种的地区更应重视埋土防寒工作。埋土防寒的时间和方法应根据当地气候和土壤条件以及葡萄品种和砧木的抗寒性强弱而定。

一、葡萄的抗寒性

（一）葡萄的抗寒性

葡萄原产于暖和的温带地区，不太抗寒，但由于其枝蔓较软，便于防寒，在最北的黑龙江省也能成功地进行栽培。一般欧洲种葡萄较喜高温、干燥的夏季和冷凉的冬季，而美洲种葡萄则较能抗夏季的潮湿和冬季的低温。另外，产自地理纬度较北的葡萄株系的抗寒性强于地理纬度较南的株系。葡萄野生种的抗寒性强弱与其起源地、分布区的生态条件密切相关，起源分布于东北的抗寒性最强，而起源分布于华中的抗寒性较差。

葡萄不同品种对低温的反应不同，其冻害主要表现为根颈冻害、根系冻害和枝芽冻害 3 种。其中，根颈冻害主要发生在晚秋（早霜），根系冻害是发生在冬季，而枝芽（嫩枝）冻害则主要是发生在春末至夏初（晚霜）。

葡萄木质部和芽眼的抗寒性因不同葡萄种类和品种而不同。欧亚种最不抗寒，需要在温暖的冬季种植，美洲种和法美杂种可以忍耐比较寒冷的冬季。葡萄树体为了越冬，体内往往发生很多变化，在生长季末期，枝条必须老化，以忍耐寒冷的冬季低温。葡萄一年生枝的木质部比芽眼抗寒力稍强，健壮的多年生蔓比一年生蔓抗寒力稍强。在冬末春初，当温度适宜时，葡萄树体解除休眠，恢复生长。树体在一个冬季都维持一定的抗寒性。葡萄主芽（primary bud）比副芽（secondary bud）对寒冷敏感，副芽比三级副芽（tertiary bud）对寒冷敏感。枝蔓比芽眼抗寒害。葡萄根系的抗寒力最弱，因此冬春低温冻害首先发生在根系。

（二）影响抗寒性的因素

除种类和品种外，其他因素对葡萄的抗寒性也有一定影响，主要有：

（1）负载量过大，大量消耗树体养分，树势衰弱，营养的贮存量降低，影响其抗寒性。

（2）管理不当。修剪过重、生长后期偏施氮肥，不合理浇水使枝条贪青旺长，减少了营养积累，枝蔓营养贮藏不足，抗寒性减弱。

（3）未进行配方施肥，养分不均衡。氮肥施入过多，其他肥料及微量元素施入不够，导致枝蔓生长不健壮，成熟度下降，影响其抗寒性。

（4）病虫害严重，使树体受伤，使枝蔓生长不良，导致早期落叶，也降低其抗寒力。

（5）建园选址不当，导致寒害加重。如在地势较低的地块，其枝芽受晚霜冻害更重。

（三）寒害发生的类型

1. 芽眼冻害　以冬末早春发生最多，深冬或初冬较少，花芽比叶芽易受冻。花芽冻害多出现在冬末初春，受冻较轻时，髓部变褐，鳞片基部变褐，严重时干枯死亡。芽眼受冻后，变褐色，易脱落，轻微受冻，只是主芽受伤，而副芽和芽垫层还可萌发出新梢，若芽垫层受冻，则整个芽眼死亡。

2. 幼果、花器官发生的冻害　春霜冻，也称晚霜，是由于春季的骤然降温引起的。幼果、花器官发生的冻害主要是春霜冻。幼果冻害表现为胚珠、幼胚部分变褐，发育不良或中途停止，引起落果。花朵受冻后，花瓣早落，花柄变短，早落花2～3天。

3. 根系冻害　以深冬季节发生为多，常见的是葡萄冻害，受害根系皮层变褐色，皮层与木质部分离甚至脱落。

4. 枝蔓冻害 寒害中最常见的一种，造成的损失最大。一是结果母枝的形成层、木质部及髓部出现褐色坏死斑。二是2～3年生枝形成层、木质部出现褐色坏死斑，髓部变褐或出现从髓部向木质部放射状褐色坏死线条。三是主蔓开裂及从髓部向表皮延伸的深褐色坏死斑块。枝蔓轻微受冻后，髓部和木质部变褐色，而形成层仍为绿色，还可恢复生长，只是生长势弱，坐果率降低；严重受冻时，形成层变褐色，则枝条枯死。

5. 越冬抽条 枝条抽干一般发生于冬末春初，是由于秋冬连续干旱，造成根系缺水严重，加上冬季气候干燥，而且又遇上冬寒、风大的年份，葡萄枝蔓蒸腾量大而根系吸收的水分供不应求，枝蔓失水过多引起枝蔓干枯而死亡，出现了葡萄枝条抽干现象，有的枝条其至抽干至基部。

(四) 寒害的预防措施

1. 坚持埋土防寒 根据葡萄枝蔓角质层薄、蜡质少、髓部大、易失水的结构特点，要年年坚持下架埋土。

2. 增施有机肥 葡萄园要每年施有机肥，增强树体抗寒能力，是避免或减轻冻害的一条有效措施。

3. 搞好病害防治 霜霉病、黑痘病、白腐病等是发生较多的病害，可采取综合防治，以保护好叶片，生产、积累更多的光合产物，增强树势，提高抗性。

4. 限产栽培 无论鲜食还是酿酒品种，其产量均以每亩1 500～2 000千克为宜。

5. 培育利于下架埋土的树形 实践证明，篱架葡萄按自由扇形整枝有利于下架埋土；而单干双臂整形则埋土操作难度大，其粗硬的单干和分开的双臂无法同时埋土入土中，必然降低防风(寒)效果。因此，在需要埋土防（风）寒的地区发展葡萄最好选出自由扇形整枝方法，并通过及时绑蔓、摘心、除副梢，改善

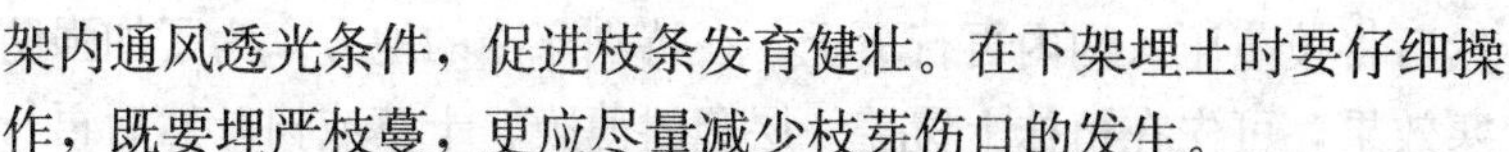

架内通风透光条件，促进枝条发育健壮。在下架埋土时要仔细操作，既要埋严枝蔓，更应尽量减少枝芽伤口的发生。

（五）冻害后的补救措施

冻害发生后应及时采取补救措施。一是及时进行树体修整，对于受害严重、树干冻死的葡萄园要平茬，多留萌蘖，重新培养树形，平茬后发出的新梢加强病虫害防治。二是对于枝蔓局部冻死者，剪去冻死部分，减轻负载，防止旺长条的出现，以恢复树势为主。三是对于发芽迟，发芽不整齐的植株，结合施肥及时灌水，利用副梢快速整形，恢复和扩大架面，控制多余的副梢，保证架面通风透光，使新梢成熟良好。四是全园尽快尽早喷施杀菌药剂，预防病害发生。

二、葡萄埋土防寒措施

（一）埋土防寒时间

一般在当地土壤封冻前 15 天即应开始进行埋土防寒。如果埋土过早，因土温高、湿度大，芽眼易霉烂；埋土过迟，土壤冻结，不仅取土不易，同时因土块大，封土不严，起不到应有的防寒作用。华北地区一般 11 月初左右开始埋土防寒较为适宜。

（二）埋土防寒方法

1. 地上全埋法　即在地面上不挖沟进行埋土防寒，方法是修剪后将植株枝蔓捆缚在一起，缓缓压倒在地面上，然后用细土覆盖严实。覆土厚度依当地绝对最低温度和品种抗寒性而定，一般品种在冬季低温为－15℃时覆土 20 厘米左右，－17℃时覆土 25 厘米，温度越低，覆土越厚。对一些抗寒性强的品种如巨峰、白香蕉等覆土可略薄一些。

2. 地下全埋法　在葡萄行间挖深、宽各 50 厘米左右的沟，然后将枝蔓压入沟内再行覆土。在特别寒冷的地方，为了加强防寒效果，可先在植株上覆盖一层塑料薄膜、干草或树叶然后再行覆土。此方法适宜于棚架和枝蔓多的成龄园采用。

3. 局部埋土法（根颈部覆土） 在一些冬季绝对最低温高于－15℃的地区，植株冬季不下架，封冻前在植株基部堆 30～50 厘米高的土堆保护根颈部。此法仅适用于抗寒能力强的品种和最低温度在－15℃以上的地方采用。若采用抗寒砧木（如贝达、北醇等）嫁接的葡萄，埋土防寒可以简单一些。覆土深度一般壤土和平坦葡萄园薄些，沙土和山地葡萄园要厚些。对于一些冬季最低温度虽达不到－17℃，但植株生长较旺、落叶较迟、挂果较多的当年嫁接换种的植株，也应及时进行适当的埋土防寒。

（三）埋土防寒操作要点

在每株葡萄茎干下架的弯曲处下方先用土或草秸做好垫枕，防止在植株上埋土时压断主蔓，同时在枝蔓下架处挖一深约 35 厘米的浅沟，以备摆放枝蔓。埋土时先将枝蔓略为捆束放入沟内，两侧用土挤紧，然后在枝蔓上方覆土，边培土边拍实，防止土堆内透风。

（四）葡萄出土上架

当春季气温达 10℃时，埋土防寒的葡萄就应及时出土上架，出土时间不能过早，以防晚霜和受冻，但出土也不能过晚，以防幼芽在土中萌发，出土时碰伤、碰断嫩芽，正确的出土时间应根据当地的气候和所栽品种的物候情况而决定，一般在芽膨大前应即时出土。

出土上架操作要细心、谨慎，防止碰伤枝蔓和芽眼，出土上架绑蔓以后，可结合春季病虫防治及时喷布 1 次 3～5 波美度石硫合剂与 0.3％五氯酚钠的混合液，以杀灭枝蔓上残存的越冬病虫。

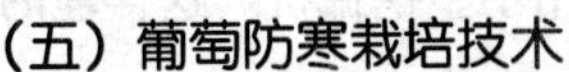

（五）葡萄防寒栽培技术

我国西北、东北地区冬季寒冷时间较长，单靠埋土防寒仍收不到良好的效果，必须采用综合的防寒栽培技术才能达到降低管理成本、提高防寒效果的目的。其主要方法是：

1. 选用抗寒品种 这是防寒栽培的关键。多年观察表明，龙眼、牛奶、无核白、巨蜂及酿造品种雷司令、霞多丽等是抗寒性较强的品种；早熟品种莎巴珍珠及郑州早红等也比较抗寒。这些品种在适当的埋土条件下即可安全越冬。

2. 采用抗寒砧木 采用抗寒的贝达或山葡萄做砧木，可以大大减少埋土的厚度。

3. 深沟栽植 栽植时挖60～80厘米深的沟，施足底肥，深栽浅埋，逐年加厚土层，使根系深扎，以提高植株本身的抗寒能力。深沟浅埋栽植不但能增强植株的抗寒力，而且便于覆土防寒。

4. 尽量采用棚架 整形棚架行距大，取土带宽，而且取土时不易伤害根系。因此，北方寒冷地区栽植葡萄时应尽量采用小棚架。

5. 短梢修剪 北方地区葡萄生产期较短，在一些降温较早的年份，有的品种枝条成熟较差，因此夏季宜提早摘心，并增施磷钾肥料以促进枝条成熟和基部芽眼充实；冬季修剪用短梢修剪，以保留最好的芽眼和成熟最好枝段的枝条。

6. 加强肥水管理 栽培前期要增施肥水，及时摘心，而后期要喷施磷、钾肥，控制氮肥和灌水，秋雨多时要注意排水防涝，从而促进枝条老熟，提高植株越冬抗寒能力。

（六）葡萄防寒注意事项

（1）在埋土时务必注意葡萄秧的距离，对于行距较近的应异地另行取土覆盖，避免挖沟取土时伤及根系，降低葡萄秧的抗寒力。同时，尽量人工埋土，不要使用小型挖掘机。这样埋的土堆结实，不漏风。

（2）埋土后要在土壤彻底封冻前经常检查，对土堆的西北方向部位要特别注意，土被刮掉后要及时补土，以防天寒地冻时葡萄植株因土层薄遭受伤害。另外，还应注意放养的羊只等刨啃破坏，发现缺土，随时补填。

（3）一些土质较松软的平原地区，由于在埋土时水分较大，在严寒天气的环境里，会使土堆裂缝，这时要及时弥合严实，否则，有可能冻伤被埋植株。其次，早春时节更应留意此类情况，并切忌不可过早去土。

第十二章 生长调节剂的使用

植物激素相同及人工合成的具有激素作用的化合物统称为植物生长调节剂。近年来，植物生长调节剂在葡萄上得到广泛应用，某些生长调节剂的应用已成为葡萄生产技术的一部分。在葡萄无核化栽培、促进生根、控制生长、促进花芽形成、保花保果、增加产量、提高浆果品质、延长或打破休眠、提高抗性、组织培养和防除杂草等方面，植物生长调节剂发挥着重要的作用。

一、常见生长调节剂的特性

（一）生长素类

生长素类调节剂包括天然的生长素和人工合成的具有生长素活性的化学物质，主要包括吲哚丁酸（IBA）、萘乙酸（NAA）和吲哚乙酸（IAA）。生长素类化合物在葡萄上的主要作用是：

（1）促进插条生根。在育苗中应用生长素处理促进生根，可显著提高成苗率和苗木质量。

（2）促进坐果和增大果粒。

（二）赤霉素类

赤霉素普遍存在于植物界中，至今已发现的赤霉素（GA）达 70 多种，按发现的先后次序分别命名为 GA_1、GA_2、GA_3……在葡萄上应用最多的是 GA_3，作用如下：

（1）促进增大果粒。降低应用浓度、增加处理次数，有可能减轻GA的不利影响。

（2）促进雌能花品种果粒增大。

（3）葡萄无核化。用小于100毫克/千克的GA在花前（约盛花期前10日）浸渍花穗，以抑制授粉受精和促进早熟，用同样浓度在盛花后7～14天进行第二次处理，以促进果粒增大。可获得无核果，并提前成熟。特别注意，品种不同、树势不同、地区不同，处理的浓度不一样，效果也不一样。大面积使用，最好先试验。

（4）疏松果穗。

（三）细胞分裂素类

目前，已发现十几种天然的细胞分裂素，广泛存在于高等植物中，包括玉米素、玉米素核苷等。人工合成的细胞分裂素有激动素、苄基嘌呤（BA）、四氢化吡喃基苄基腺嘌呤（PBA）等。细胞分裂素在葡萄上的作用如下：

（1）促进萌芽和营养生长。玉米素100毫克/千克可加速经过低温贮藏的葡萄萌芽。

（2）促进葡萄花芽分化。

（3）促进坐果，减少落果。

（4）对无核白葡萄贮藏品质的影响。

（四）乙烯

乙烯在常温下是气体。作为生长调节剂用的是乙烯利。乙烯利在代谢过程中可释放出乙烯。它在葡萄上的作用是：

（1）促进果实着色和成熟。在浆果开始着色时，用不同浓度（300～1 000毫克/千克）的乙烯利处理，可增加许多红色品种的花色苷积累。乙烯利促进着色，但不一定增加糖分。

（2）促进器官的脱落。应用不当可引起落叶、早衰和梢尖脱落，前期应用有疏果作用。

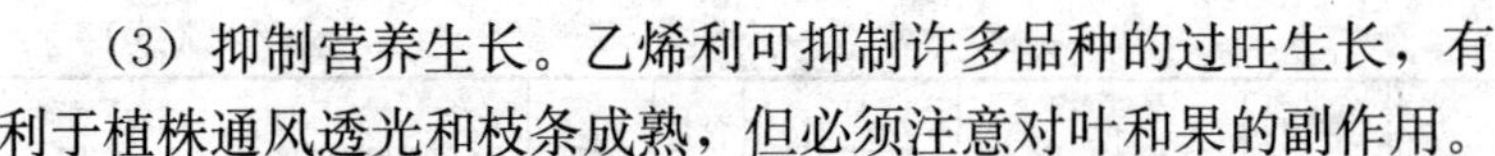

（3）抑制营养生长。乙烯利可抑制许多品种的过旺生长，有利于植株通风透光和枝条成熟，但必须注意对叶和果的副作用。

（五）脱落酸和生长抑制物质

脱落酸（ABA）广泛存在于植物界中，也可人工合成，如矮壮素（CCC）、比久（B9）、青鲜素（MH）、整形素等。在葡萄上应用较多的是生长延缓剂 B9 和 CCC，对葡萄的主要作用如下：

（1）抑制新梢生长。对欧亚种葡萄比较明显，喷 CCC 后，叶片增厚，叶色变深，叶变小，但单位叶面积干重增加。

（2）促进坐果。

二、葡萄上登记的一些植物生长调节剂

植物生长调节剂种类多，登记的厂家也比较多，有的调节剂在葡萄上所登记的产品剂型和有效成分含量有多种，现仅列举一些葡萄生产中常用的厂家登记信息（未在国内葡萄上进行产品登记的植物生长调节剂，如乙烯利、脱落酸等未列入，表 12-1）。

表 12-1　葡萄上常用的植物生长调节剂的等级信息

类别	登记名称	生产厂家	登记证号	含量（%）	剂型	登记用药量	作用
生长素类	萘乙酸	四川国光农化股份有限公司	PD20081509	20	粉剂	1 000～2 000 倍	提高插条成活率
赤霉素类	赤霉酸	美商华仑生物科学公司	PD175-93	20	可溶粉剂	4～6.7 毫克/升（花前）或 10～20 毫克/升（花后）	调节生长
	赤霉酸	四川国光农化股份有限公司	PD20097655	4	乳油	200～400 倍	调节生长
	赤霉酸	上海同瑞生物科技有限公司	PD86101	4	乳油	50～200 毫克/升（花后使用）	增产、无核

（续）

类别	登记名称	生产厂家	登记证号	含量（%）	剂型	登记用药量	作用
赤霉素类	赤霉酸	上海同瑞生物科技有限公司	PD20083607	40	可溶粉剂	50～200 毫克/升（花后使用）	增产、无核
	赤霉酸	江西新瑞丰生化有限公司	PD86183-15	75	结晶粉	50～200 毫克/升（花后使用）	增产、无核
	赤霉酸	浙江钱江生物化学股份有限公司	PD86183-5	85	结晶粉	50～200 毫克/升（花后使用）	增产、无核
细胞分裂素类	氯吡脲	成都施特优化工有限公司	PD20070131	0.1	可溶液剂	10～20 毫克/升	增大果实、增产
	氯吡脲	四川省兰月科技开发公司	PD20070455	0.1	可溶液剂	10～20 毫克/升	调节生长、增产
	噻苯隆	陕西省咸阳德丰有限责任公司	PD20101353	0.1	可溶液剂	4～6 毫克/升	提高产量
	噻苯隆	中国农科院植保所廊坊农药中试厂	LS20091124	0.1	可湿性粉剂	300～600 倍	调节生长
芸薹素类	芸薹素内酯	广东省江门市大光明农化有限公司	PD20070549	0.01	可溶液剂	0.02 ～ 0.04 毫克/升	调节生长
	丙酰芸薹素内酯	日本卫材食品化学株式会社	PD20096815	0.003	水剂	3 000～5 000 倍	提高产量
单氰胺	单氰胺	阿尔兹化学托斯伯格有限公司	LS20071292	52	水剂	10～20 倍	调节生长

三、植物生长调节剂的应用范围

植物生长调节剂的应用，是种植技术的一大进步。该项技术在 20 世纪 90 年代以后，我国逐步开始在蔬菜、果品等生产上应用。植物生长调节剂在葡萄生产上的应用，主要有以下几个方面：

1. 用于有核葡萄的无核化处理 利用赤霉素（GA_3）等诱

导有核葡萄的种子败育，使其转化为无核葡萄。GA_3 是国内外最早用于有核葡萄品种进行无核化处理的生长调节剂。GA_3 的主要功能是促进植物细胞分裂和细胞延伸生长，在葡萄开花前用 GA_3 处理，使花粉和胚珠发育异常，从而使有核葡萄变为无核葡萄。

具体做法是：二倍体品种如玫瑰露等，在盛花前 11～14 天，用浓度 50～100 毫克/千克的 GA_3 浸蘸花序。四倍体品种如巨峰、先锋等品种在开花之后，巨峰在盛花期、先锋在盛花至盛花后 3 天，用浓度为 25～50 毫克/千克的 GA_3 浸蘸花序。无论是花前诱导还是花期诱导，葡萄在变为无核的同时因内源激素消失，果粒均会变小，都需要在幼果期再一次使用赤霉素处理，使果粒膨大达到正常大小。这样，药剂首次处理诱导产生无核，第二次处理增大果粒，这就是葡萄无核化的二次处理栽培模式。第二次处理的适宜时间一般为花后的 15 天、第一次使用后的 10 天，使用浓度为 25 毫克/千克，使用方法为浸穗。不同品种，在用 GA_3 进行无核化处理的具体细节上，如浓度、处理时期也有差异。

2. 用于葡萄果粒膨大 葡萄果实膨大常用药剂有 GA_3、吡效隆（CPPU）。CPPU 对葡萄的膨大作用比 GA_3 更显著，但有一定的副作用，如使果实成熟期延迟、着色不良、糖度下降等，GA_3 虽膨大作用略小，但有利浆果成熟上色。两种药剂混配使用，有着互补作用。CPPU 和 GA_3 作为葡萄膨大剂的混配浓度因葡萄品种而异，巨峰系葡萄通常以 GA_3 25 毫克/千克、CPPU 2～5 毫克/千克。葡萄膨大剂能使巨峰、藤稔等有核品种果粒增大 10%～40%，能使无核白鸡心、无核早红等无核品种增大 1～3 倍。使用方法：有籽葡萄在盛花后 15～20 天使用，无籽葡萄在落花后 5 天和 15～20 天各使用一次。

3. 用于果穗拉长 有些品种的葡萄果梗较短，果粒着生紧密，在浆果膨大过程中，果粒易互相挤压，因而造成穗型不规则，果粒大小不均匀，影响了果穗的外观。为解决这个问题，常用果穗拉长剂进行处理，使果串松散、果粒均匀，提高果实的商品价值。目前，主要采用赤霉素，一般在花前对花序进行处理，具体最佳使用时间、浓度，要根据葡萄品种、使用的拉长剂种类进行试验后确定，如藤稔在花穗5厘米长时，用5毫克/千克的赤霉素喷施或浸蘸花穗，一般不宜过早或近花期或在花期处理，否则可能出现严重的大小粒现象；使用浓度也不易过高，否则可能会引起果穗畸形。

4. 用于抑制葡萄的营养生长、提高坐果率、改善品质 对植株生长旺盛的葡萄，使用矮壮素（CCC），能抑制副梢抽生，代替人工摘心和去除副梢，并有提高坐果率、增加产量、改善品质、促进花芽分化的作用。用于促进坐果，如在巨峰葡萄上施用时期一般在葡萄开花前5～10天，浓度为1 000～2 000毫克/千克，使用方法是喷洒新梢。用于控制长势，一般在花后1个月喷施新梢，浓度为1 500～2 000毫克/千克，注意：喷施后单粒重有所下降。另外，调节磷、光呼吸抑制剂（亚硫酸氢钠）也有一定效果。调节磷在葡萄上使用能显著提高果实含糖量，而且具有抑制营养生长、控制副梢的作用；使用时间在浆果成熟前一个月使用，使用浓度为500～1 000毫克/千克。经试验，调节磷可使浆果的可溶性固形物提高，促进有色品种上色。光呼吸抑制剂（亚硫酸氢钠），不仅可提高葡萄坐果率，而且对果实的品质、产量和成熟的整齐度均有良好效果。

5. 用于促进葡萄着色和催熟 目前市场上销售和生产上使用较多的是以乙烯利、脱落酸为主要成分的产品，可促进浆果提前着色和提早成熟的作用，提早时间均在7天以上。

四、使用植物生长调节剂注意事项

在葡萄上科学合理使用植物生长调节剂，可以促进葡萄扦插枝条生根和提高成活率，促使一些品种无核、提高坐果和增大果

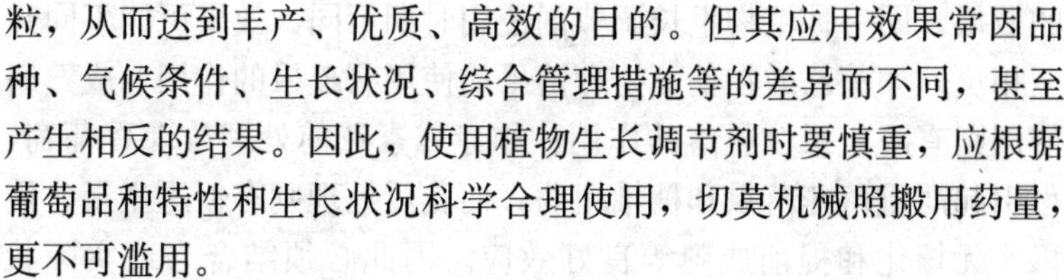

粒，从而达到丰产、优质、高效的目的。但其应用效果常因品种、气候条件、生长状况、综合管理措施等的差异而不同，甚至产生相反的结果。因此，使用植物生长调节剂时要慎重，应根据葡萄品种特性和生长状况科学合理使用，切莫机械照搬用药量，更不可滥用。

1. 重视配套栽培技术　植物生长调节剂不是营养物质，更不是灵丹妙药。要想使葡萄丰产、优质、高效，必须结合配套的栽培管理措施，加强土、肥、水管理，重视有机肥和钾肥的施入，加强疏花疏果，控制负载量。使用生长调节剂仅是葡萄栽培管理的辅助手段，不能盲目孤立地依赖生长调节剂。修剪不善、缺乏肥水，很难单靠生长调节剂就达到高产优质的目的。只有在加强综合栽培管理技术的基础上，生长调节剂才可收到较好的效果。如管理粗放的弱树不可能依靠喷生长延缓剂提高坐果率以获得增产；结果过多，叶面积不足，也不可能用生长调节剂使果粒增大、提早成熟和提高糖度。

2. 注意葡萄生长状况和环境条件　葡萄品种、长势、树龄不同，植物生长调节剂的使用效果也不同，有些品种使用植物生长调节剂没有增大效果甚至会出现一些副作用，如弱树弱枝使用植物生长调节剂效果并不好。植物本身含有各种内源激素，在正常条件下，自身可以有规律地调节其生长发育。如坐果良好的品种，没有必要再用植物生长调节剂促进坐果；扦插容易生根的品种，也不一定要用生长素类药剂来催根。没有必要时使用生长调节剂，常常使原有的激素平衡受到破坏，出现不正常的生长，产生不良后果。使用时的温度、湿度、天气等环境条件对使用效果也有影响。因此，在某地某一品种上的成功经验，在其他地区应用时，仍需先进行试验，然后才能大面积推广。

3. 注意使用时期　要根据不同目的，选择合适的植物生长调节剂，并在合理的时期使用。由于在不同的时期，葡萄生长发育的重点不同，应用生长调节剂，就可能产生不同的、甚至相反的效果。同一种植物生长调节剂使用时期不同，效果可能不同甚至相反，如萘乙酸在葡萄生理落果前使用有疏果的作用，成熟期使用则有防止果粒脱落的作用；如赤霉素花前处理玫瑰香葡萄，可引起严重落花落果和穗轴扭曲，而花后处理则有促进坐果、使果实无核化和提前成熟等良好效应。因此必须结合当地实际状况，先在本地试验后再应用。严格掌握各种生长调节剂的使用时期。

4. 注意使用浓度和次数 植物生长调节剂在葡萄上使用要控制使用次数，把握使用浓度。葡萄全生育期使用植物生长调节剂的次数一般不超过 2 次，如赤霉素普遍用于促进有籽葡萄无核化和无核果粒增大。根据日本经验，巨峰系葡萄无核化时通常使用 2 次，但与氯吡脲（CPPU）结合应用时只处理 1 次即有很好效果，CPPU 的使用浓度一般不超过 10 毫克/升。如生长素类对发芽和生长，一般在低浓度下则起促进作用，而在较高浓度下起抑制作用。CCC 浓度过高（2 000 毫克/千克以上）对葡萄叶片有药害，过低效果不大，且有效期短；以较低浓度隔一定时间先后喷 2 次，既无药害，又效果大、有效期长。

植物生长调节剂的效应，彼此既明显不同，有的又有某些共同之处；相互之间又存在着加合、拮抗、诱发等复杂的关系。所以，为某一目的在选择一种或两种以上药剂混合或先后应用时，要先了解其基本性质，避免用错。不同的植物生长调节剂配制时所用的溶剂和配制方法不同，效果也不同。同一植物生长调节剂还有不同的剂型——酸、盐、酯和胺。剂型或溶剂不同，效果也不一样。配制时和配制后的温度、光和 pH，也影响药剂的稳定性和活性。这些都需依据有关说明资料加以注意。药液中加入表面活性剂可降低表面张力，在植物表面形成薄膜，易于附着和渗入，也具吸湿作用，利于药物吸收。非离子型表面活性剂利于药液透过角质层，进入植物体。两种以上药剂混用，既要注意其生理学效应（加合、互补或拮抗等），也要注意其化学性质是否适

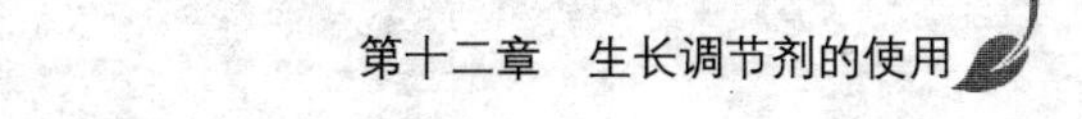

于混用。

5. 注意植物生长调节剂的残留问题　许多国家对某些植物生长调节剂有最大残留限量的规定。不管是鲜葡萄或葡萄干，都不能超过进口国的法定容许量。国家允许使用的植物生长调节剂一般毒性较低（微毒或低毒），使用后经雨水冲淋和降解，在果实中无残留或残留量极少（残留量不超过最大残留限量值即MRL值），对人体和环境是安全的。但有些植物生长调节剂在果品中有残留，尤其是在使用浓度较高的情况下，残留更多，使用时应注意，如乙烯利（催熟剂），一些国家规定在鲜食葡萄中的最大残留限量为1毫克/千克（欧盟、日本）及2毫克/千克（美国），在葡萄干中的最大残留限量为5毫克/千克（欧盟、日本）及12毫克/千克（美国）；氯吡脲（CPPU）在葡萄中最大残留限量日本为0.1毫克/千克，澳大利亚为0.01毫克/千克，其他国家（美国、韩国、墨西哥等）为0.03～0.06毫克/千克；赤霉素的最大残留限量为0.2毫克/千克（日本）及0（不得检出，澳大利亚和新加坡），美国和欧盟对赤霉素尚无最大残留限量规定。

6. 无公害、A级绿色食品及AA级绿色食品对植物生长调节剂的要求　按国家有关葡萄标准规定，无公害食品、A级绿色食品允许使用低毒无公害植物生长调节剂，但果实中的残留量不能超过国家规定的有关残留标准；AA级绿色食品不允许使用任何有机合成的植物生长调节剂。

总之，在葡萄上合理应用植物生长调节剂，可以影响其生长发育的各个过程，达到高产、优质、高效益的目的。但目前对植物生长调节剂的作用机理、生理学和生物学效应及彼此的平衡关系等方面，都还有许多问题有待进一步研究。如应用技术以经验为多；应用效果常因地区、气候、品种、树体状况、生育期、使用技术等的差异而表现很大的不同，甚至产生相反的结果。因此，应用时必须慎重。

主要参考文献

才淑英，严大义．1997. 葡萄优质丰产栽培新技术［M］．北京：中国农业出版社．

蔡荣．2010. 农业化学品投入状况及其对环境的影响［J］．中国人口资源与环境（3）：107-110.

晁无疾，周敏．2005. 鸟类对葡萄生产的影响及其预防［J］．中外葡萄与葡萄酒（4）：40-41.

陈克亮．1993. 葡萄丰产栽培图说［M］．北京：中国林业出版社．

陈石榕．2006. 我国水果中农药残留最大限值新标准［J］．中国果业信息，23（1）：16-17.

戴奋奋，袁会珠．2002. 植保机械与施药技术规范化［M］．北京：中国农业科学技术出版社．

戴小枫，赵秉强．2002. 我国农产品安全生产技术发展的现状与优先领域［J］．科技导报（3）：46-48.

高凯，李丽秀，王文生．2008. 辽宁葡萄产业的回顾与预测［J］．保鲜与加工，8（6）：16-17.

高媛，李昕源，石英．2011. 中欧葡萄限制性使用农药的对比分析［J］．中外葡萄与葡萄酒（1）：74-78.

郭修武．2010. 辽宁葡萄产业现状分析［J］．新农业（5）：6-8.

郭紫娟，赵胜建．2005. 河北省葡萄生产现状及发展建议［J］．河北果树（5）：2-3.

胡建芳．2002. 鲜食葡萄优质高产栽培技术［M］．北京：中国农业大学出版社．

姬延伟．2011. 葡萄套袋技术［J］．北方果树（1）：16-17.

孔庆山．2004. 中国葡萄志［M］．北京：中国农业科技出版社．

李桂峰，刘兴华．2004. 运用 HACCP 体系控制鲜食葡萄质量［J］．四川食品与发酵，40（2）：31-34.

李玉鼎，张光弟，张新宁，等．2004. 宁夏鲜食葡萄产业的现状、问题及发展对策［J］．宁夏农学院学报，25（2）：46-50.

刘凤之，汪景彦，王宝亮．2005. 我国果树生产现状与果业发展趋势［J］．中国果树（1）：51-53.

刘君璞，章力建，曹尚银，等．2006. 我国果树生产中的立体污染及其防治［J］．果树学报，23（1）：85-90.

刘俊，李敬川，王秀芬．2010. 河北省葡萄栽培历史、种质资源及现状分析［J］．河北林业科技（5）：23-26.

罗国光．2006. 世界葡萄和葡萄酒生产和流通的新动态［C］．全国葡萄学术研讨会（沈阳论文集），09：1-4.

罗国光．2010. 中国葡萄产业面临的历史任务：加快由数量型向质量型转变［J］．果树学报，27（3）：431-435.

马惠兰，李旭．2010. 新疆葡萄产业化发展现状及对策建议［J］．新疆林业（6）：27-29.

苗在京，李海萍，丁宗博．2009. 农产品安全生产与生态农业［J］．农业环境与发展（5）：40-41.

聂继云，董雅凤，丛佩华，等．2002. 无公害水果的安全和产地环境条件［J］．北方果树（3）：24-25.

司祥麟，陈克亮．1991. 葡萄栽培图解：八．葡萄主要病虫害防治［J］．山西果树（3）：29-33.

唐勇．2000. 葡萄园全套管理技术图解［M］．济南：山东科学技术出版社．

田淑芬．2009. 中国葡萄产业态势分析［J］．中外葡萄与葡萄酒（1）：64-66.

王忠跃，晁无疾．2003. 无公害葡萄生产中的病虫害综合防治技术［J］．果农之友（11）：43-45.

王忠跃．2009. 中国葡萄病虫害与综合防控技术［M］．北京：中国农业出版社．

魏蒙关．2004. 从我国葡萄现状谈河南省葡萄发展方向［J］．河南农业（8）：28-29.

吴景敬．1962. 葡萄栽培［M］．沈阳：辽宁科学技术出版社．

肖艳芬，颜景辰，罗小锋．2005. 国外农产品安全生产的技术支撑及启示

[J]. 世界农业，315 (8)：8 - 11.

徐海英，闫爱玲，张国军. 2006. 葡萄标准化生产与农药的使用 [J]. 中外葡萄与葡萄酒 (4)：18 - 20.

徐萍. 2007. 淮北地区无公害葡萄栽培技术 [J]. 现代农业科技 (6)：38 - 39.

严大义，才淑英. 1997. 葡萄生产技术大全 [M]. 北京：中国农业出版社.

严大义. 2000. 大棚葡萄 [M]. 北京：中国农业科学技术出版社.

杨承时. 2006. 葡萄制干产业在西北、黄土高原区发展前景的分析 [C]. 全国葡萄学会研讨会 (沈阳论文集)，09：5 - 7.

杨庆山. 2000. 葡萄生产技术图说 [M]. 郑州：河南科学技术出版社.

杨振锋，聂继云，李静，等. 2007. 主要国际组织和贸易国对葡萄中农药最大残留限量的规定 [J]. 山西果树 (3)：39 - 41.

杨治元. 2005. 葡萄鲜食品种发展趋势 [J]. 果农之友 (6)：41.

张开春. 1999. 葡萄整形修剪问答 [M]. 北京：中国农业出版社.

张敏聪，陈培民，王建民，等. 2004. 无公害葡萄生产基地建设及标准化栽培技术 [J]. 内蒙古农业科技 (S1)：144 - 145.

张小波，牛锐敏，陈卫平. 2010. 宁夏葡萄产业发展现状及对策 [J]. 宁夏农林科技，(6)：59 - 60.

赵凯，马锋旺，杨学民，等. 2008. 关中地区巨峰葡萄无公害生产技术 [J]. 西北园艺：果树 (6)：17 - 19.

Carisse O，Bacon R，Lasnier J，et al. 2006. Identification Guide to the Major Diseases of Grapes [C]. AAC Centre de recherche et de développement en horticulture/AAFC Horticulture Research and Development Centre，Saint-Jean - sur - Richelieu，QC.

http：//mtlong. com/html/Grape/

http：//www. chinaptcy. com/cn

http：//www. js-ga. com/index. asp

http：//www. putaooo. com/html/9421. html

http：//www. studa. net/fazhan/090629/15215234. html

Lon Rombough. 2002. The grape grower：a guide to organic viticulture [M]. Chelsea：Green Publishing Company.

图书在版编目（CIP）数据

北方葡萄安全生产技术指南/国家葡萄产业技术体系种质资源岗位组编；郭大龙主编．—北京：中国农业出版社，2012.6

（农产品安全生产技术丛书）

ISBN 978-7-109-16814-5

Ⅰ.①北… Ⅱ.①国…②郭… Ⅲ.①葡萄栽培—指南 Ⅳ.①S663.1-62

中国版本图书馆 CIP 数据核字（2012）第 102112 号

中国农业出版社出版

（北京市朝阳区农展馆北路 2 号）

（邮政编码 100125）

策划编辑 张 利

文字编辑 吴丽婷

中国农业出版社印刷厂印刷 新华书店北京发行所发行

2012 年 9 月第 1 版 2012 年 9 月北京第 1 次印刷

开本：850mm×1168mm 1/32 印张：8

字数：195 千字

定价：16.00 元